Jörg Hau
Ionisation bei Atmosphärendruck

Jörg Hau

Ionisation bei Atmosphärendruck

Entwicklung, Charakterisierung und
Anwendung einer Elektrospray-Ionenquelle
für ein doppelfokussierendes
Sektorfeld-Massenspektrometer

DUV Springer Fachmedien Wiesbaden GmbH

Die Deutsche Bibliothek — CIP-Einheitsaufnahme

Hau, Jörg:
Ionisation bei Atmosphärendruck : Entwicklung,
Charakterisierung und Anwendung einer Elektrospray-
lonenquelle für ein doppelfokussierendes Sektorfeld-
Massenspektrometer / Jörg Hau. — Wiesbaden : Dt. Univ.-
Verl., 1994
 (DUV : Naturwissenschaft)
 Zugl.: Dortmund, Univ., Diss., 1994

ISBN 978-3-8244-2055-1   ISBN 978-3-663-14609-4 (eBook)
DOI 10.1007/978-3-663-14609-4

© Springer Fachmedien Wiesbaden 1994

Ursprünglich erschienen bei Deutscher Universitäts-Verlag GmbH, Wiesbaden 1994.

Das Werk einschließlich aller seiner Teile ist urheberrechtlich ge-
schützt. Jede Verwertung außerhalb der engen Grenzen des Ur-
heberrechtsgesetzes ist ohne Zustimmung des Verlags unzulässig
und strafbar. Das gilt insbesondere für Vervielfältigungen, Über-
setzungen, Mikroverfilmungen und die Einspeicherung und Ver-
arbeitung in elektronischen Systemen.

Gedruckt auf chlorarm gebleichtem und säurefreiem Papier

Meinen Eltern

Inhalt

1 **Einleitung** 1
    1.1 Allgemeines 2
    1.2 Historischer Überblick 3
    1.3 Der Mechanismus des Elektrospray-Prozesses 5
    1.4 Kopplungen mit Elektrospray-Ionenquellen 8
        1.4.1 Auflösungsvermögen 8
        1.4.2 Bestehende Kopplungen 9
        1.4.3 Elektrospray an Sektorfeld-Massenspektrometern 10
        1.4.4 Kommerziell erhältliche Interfaces 11
    1.5 Ziele dieser Arbeit 11

2 **Experimenteller Teil** 13
    2.1 Massenspektrometer 14
    2.2 Einstufiges Interface 16
    2.3 Zweistufiges Interface 19
    2.4 Spannungsversorgung 22
    2.5 Aufbau der Ionenoptik 24
    2.6 Sprayer und Halterung 26
    2.7 Probenzuführung 27
    2.8 Chemikalien 28

3 **Die Ionenoptik** 29
    3.1 Grundlagen 30
    3.2 Aufbau und Spannungsversorgung 33
    3.3 Berechnungen mit SIMION 35
    3.4 Zusammenfassung Ionenoptik 41

4 **Interface-Entwicklung** 43
    4.1 Allgemeines. Erforderliche Drücke 44
    4.2 Konstruktion der Entladungskette 46
    4.3 Einstufiges Interface 50
    4.4 Skimmersystem 51
    4.5 Desolvatisierungseinrichtung 57
    4.6 Erhöhung des Gasdurchsatzes 58
    4.7 Zweistufiges Interface 59

4.8 Ionentransmission im Interface 62
4.9 Erzielbare Auflösung 64
4.10 Negativ geladene Ionen 66
4.11 Sprayerkonstruktion. Verfahren zur Erhöhung der Flußrate 67
4.12 Zusammenfassung Interface 69

5 Charakterisierung des Elektrosprays und des Interface 73
5.1 Charakterisierung des Sprays 74
    5.1.1 Aufbau der Vorversuche 74
    5.1.2 Ergebnisse 75
    5.1.3 Diskussion 79
5.2 Einfluß von Konzentration und Flußrate 84
    5.2.1 Experimente und Ergebnisse 84
    5.2.2 Diskussion 91
    5.2.3 Konsequenzen für die Kopplung mit HPLC 98
    5.2.4 Spezifikation 100

6 Einige Anwendungen der Elektrospray-Massenspektrometrie 101
6.1 Vorbemerkungen 102
6.2 Massenbestimmung bei mehrfach geladenen Ionen 102
6.3 Kollisionsinduzierte Fragmentierung 108
6.4 Erythromycin A 113
6.5 Nebenbestandteile in Gramicidin S 119
6.6 Organozinnverbindungen 123

7 Zusammenfassung 131

8 Literaturverzeichnis 133

1 Einleitung

1.1 Allgemeines

Die in dieser Arbeit diskutierten Experimente wurden in der Hoffnung durchgeführt, neue Möglichkeiten zur Anwendung der Ionisation bei Atmosphärendruck in der Massenspektrometrie zu finden. Der Schwerpunkt lag dabei auf der Entwicklung und Charakterisierung eines Interfaces, das zum Einsatz der Elektrospray-Ionisation an einem doppelfokussierenden Sektorfeld-Massenspektrometer geeignet ist.

Die Massenspektrometrie (MS) hat in den letzten Jahren einen enormen Aufschwung erlebt. Durch die Entwicklung verschiedener Ionisationstechniken wurde sie zu einem der wertvollsten Werkzeuge, das in der Analytik zur Verfügung steht.

Parallel dazu sind chromatographische Trennungen im analytischen und präparativen Labor zu Standardmethoden geworden, die sich durch Schnelligkeit, Reproduzierbarkeit und besonders durch geringen Substanzbedarf auszeichnen. Die beiden vorwiegend eingesetzten Verfahren sind zum einen die Gaschromatographie (GC) und zum anderen die Hochdruckflüssigchromatographie (HPLC). In den letzten Jahren kamen die "wiederentdeckten" elektrophoretischen Techniken dazu, die sich besonders im mikroanalytischen Bereich einsetzen lassen.

Durch seine Vielseitigkeit, die Möglichkeit zur unmittelbaren Identifizierung von Substanzen, die hohe Nachweisstärke und seine fast universelle Verwendbarkeit liegt es nahe, das Massenspektrometer als Detektor für diese Trennmethoden einzusetzen. Während die Kopplung mit der Gaschromatographie (GC/MS) seit Jahren Routine ist, hat die Kopplung mit Flüssigchromatographie (LC/MS) erst in der vergangenen Dekade Einzug in die analytischen Laboratorien gehalten. Sie stellt in gewisser Weise eine Ergänzung zur GC/MS dar, da mit ihr auch schwerflüchtige oder thermolabile Substanzen untersucht werden können, die nicht oder nur nach Derivatisierung für GC/MS zugänglich werden. Weil dieser Derivatisierungsschritt entfällt, ist LC/MS in vielen Fällen die Methode der Wahl.

Die Arbeitsbedingungen bei der Kopplung von LC und MS hängen vom jeweiligen Interface ab, da nicht jedes mit beliebigen Parametern betrieben werden kann. So benötigt z. B. das Thermospray-Verfahren eine Flußrate von mindestens 1 ml min^{-1}, um stabil und mit ausreichender Ionenausbeute zu arbeiten. Auf der anderen Seite ist die Anwendung von Continuous-flow-FAB (CF-FAB) auf eine Flußrate zwischen 5 und etwa 30 µl min^{-1} beschränkt. Ähnliche Einschränkungen gelten für die Zusammensetzung der mobilen Phase.

Beiden Methoden ist gemeinsam, daß die Substanz in der flüssigen Phase ins Massenspektrometer gebracht wird. Demgegenüber besitzen Atmosphärendruck-Ionenquellen den Vorteil, daß die Erzeugung der Ionen an der freien Atmosphäre erfolgt. Das Laufmittel wird vor dem Eintritt ins Spektrometer entfernt, so daß ausschließlich gasförmige Substanzen ins Gerät gelangen. Daher arbeiten diese Ionenquellen weitestgehend unabhängigig von der Flußrate.

1.2 Historischer Überblick

Die ersten LC/MS-Kopplungen, die sich in der praktischen Anwendung durchsetzen konnten, waren das aus dem *fast atom bombardment* (FAB, [1]) entstandene *continuous-flow*-FAB [2] und die *Thermospray*-Ionisation [3]. Beide werden heute routinemäßig eingesetzt. Techniken wie der *moving belt* oder die *direct liquid introduction* (DLI, [4]) sind wegen der Beschränkung auf flüchtige Substanzen praktisch vom Markt verschwunden. Das *monodisperse aerosol generator interface* (MAGIC, [5]) hat sich zu den *particle-beam*-Techniken [6] weiterentwickelt, die aber ebenfalls nicht sehr verbreitet sind. Die elektrostatische Vernebelung von Flüssigkeiten im Vakuum, als *elektrohydrodynamische Zerstäubung* (EHD, [7]) bekannt, stieß bisher mehr auf theoretisches denn auf praktisches Interesse.

Im Gegensatz zur Ionisation durch Elektronenstoß (*electron impact*, EI) liefern die meisten dieser Methoden überwiegend kationisierte Molekülionen und nur wenige Fragmente. Daher werden sie auch als Techniken zur "sanften Ionisation" (*soft ionization*) bezeichnet.

Zu diesen Verfahren zählt auch die *Elektrospray-Ionisation* (ES). Ihrer Entwicklung liegen mehrere Techniken zugrunde, die unabhängig voneinander entstanden sind. Zum einen ist das die Ionisation bei Atmosphärendruck (*atmospheric pressure ionization*, API), und zum anderen die Erzeugung von Aerosolen durch elektrostatische Zerstäubung von Flüssigkeiten.

Die grundlegenden Entwicklungen zur analytischen Verwendung von Atmosphärendruck-Ionenquellen in der Massenspektrometrie gehen hauptsächlich auf Arbeiten der Gruppe um Horning zurück [8]. Dabei wurde 1973 ein Quadrupolmassenspektrometer über eine Lochblende mit der Atmosphäre verbunden. Zur Elektronenstoß-Ionisation wurde ein β-Strahler verwendet [8a].

Bereits ein Jahr später publizierten die gleichen Autoren Ergebnisse zur Kopplung eines flüssigchromatographischen Systems mit diesem Spektrometer [8b]. Der β-Strahler wurde durch eine Corona-Entladung ersetzt [8c], und 1976 setzte man verschiedene Reaktandgase in der "Atmosphäre" der Ionisationszone ein. Mit diesen Arbeiten wurden die Grundlagen für die chemische Ionisation bei Atmosphärendruck (*atmospheric pressure chemical ionization*, APCI) geschaffen [8d].

Obwohl von Anfang an sowohl mit API als auch mit APCI bereits Nachweisgrenzen im Picogramm-Bereich erzielt wurden, arbeiteten nur wenige mit diesen Methoden. Kommerziell bot lediglich die kanadische Firma Sciex seit Anfang der achtziger Jahre ein Spektrometer mit API-Ionenquelle an. Im Gegensatz zu dem relativ kleinen, geschlossenen System von Horning arbeitete dieses Gerät mit einem großvolumigen Quellenraum [9, 10].

Ein ähnlich geringes Interesse wie bei den API-Techniken fanden lange Zeit auch die Studien der Elektrospray-Technik. Das Prinzip, Flüssigkeiten durch Anlegen einer Hochspannung in feine Tröpfchen zu zerstäuben, ist seit Jahrzehnten bekannt und wird z.B. in der Anstrichtechnik verwendet [11]. Zur physikalischen Charakterisierung der Vorgänge beim Fließen von potentialführenden Flüssigkeiten führten Vonnegut und Neubauer 1952 eine Reihe von einfachen Versuchen durch [12a]. Dabei beschrieben sie als Nebeneffekt bereits dieselben Sprayerscheinungen, die Jahrzehnte später "wiederentdeckt" wurden.

Ende der sechziger Jahre versuchten Dole *et al.*, die Molmasse von Polymeren mit einem Mobilitätsspektrometer zu bestimmen [13]. Zur Erzeugung eines Molekularstrahles solcher *macroions* wurde eine Polystyrollösung elektrostatisch aus einer Kapillare zerstäubt und über ein Skimmersystem ins Spektrometer gebracht. In diesen Arbeiten wurde Elektrospray nicht nur zur Zerstäubung, sondern gleichzeitig zur Erzeugung von Ionen verwendet. Doles Experimente wurden Anfang der achtziger Jahre an der Yale University von der Arbeitsgruppe um Fenn wieder aufgegriffen, wobei statt des Mobilitätsspektrometers ein Quadrupol-Massenspektrometer eingesetzt wurde [14, 15]. Dies stellt somit die erste Kopplung einer Elektrospray-Ionenquelle mit einem Massenspektrometer dar. Bei den damit durchgeführten Untersuchungen stellte sich heraus, daß Lösungen von niedrigmolekularen Verbindungen nach dem Versprühen mit Elektrospray fast nur das protonierte Molekülion $[M+H]^+$ zeigten. Dadurch waren sie auch in einem Gemisch klar unterscheidbar.

Ungefähr zur gleichen Zeit, und in der westlichen Welt nahezu völlig unbeachtet, veröffentlichte die russische Gruppe um Aleksandrov Arbeiten über eine Technik, die von den Autoren als *extraction of ions from solution at atmospheric pressure* (EIS AP) bezeichnet wurde [16]. Die dort beschriebene Technik ist identisch mit Elektrospray, und diese Arbeiten stellen gleichzeitig die erste Kopplung einer Elektrospray-Ionenquelle mit einem Sektorfeld-Massenspektrometer dar.

Der wissenschaftliche Durchbruch für die Elektrospray-Ionisation kam 1985, als Fenn und Mitarbeiter die ersten Massenspektren mehrfach geladener Ionen publizierten [17, 18]. Für die rasche Akzeptanz und die Verbreitung dieser Technik waren zwei Tatsachen ausschlaggebend: Zum einen war es möglich, nichtflüchtige und temperaturempfindliche Substanzen wie Peptide und Proteine unbeschadet in die Gasphase zu überführen; Elektrospray gilt unter allen Methoden zur *soft ionization* als die "sanfteste".

Zum anderen bestimmt man mit einem Massenspektrometer das *Verhältnis* von Masse zu Ladung. Daher ist es durch das Aufbringen von mehreren Ladungen auf ein Molekül möglich, auch die Massen großer Moleküle mit Spektrometern zu bestimmen, deren Meßbereich nur bis ca. m/z 2000 reicht. Man erhält dabei eine Serie von Peaks, aus der sich die Masse des zugrunde liegenden Ions eindeutig berechnen läßt (siehe dazu Kap. 6.2). Die Massenbestimmung selbst von großen Peptiden und Proteinen war mit der Entwicklung von ES-MS mit einer Genauigkeit und Schnelligkeit möglich geworden, die alle bis dahin üblichen Methoden, wie z.B. Gelelektrophorese, bei weitem übertraf. Spätestens mit diesem Zeitpunkt war die Elektrospray-Massenspektrometrie nicht mehr nur für wenige, vorwiegend physikochemisch orientierte Forschergruppen interessant, sondern erregte weithin Aufmerksamkeit.

1987 folgten die erste Kopplung mit der Kapillarelektrophorese (Smith *et al.*, [19]) und die pneumatisch unterstützte Zerstäubung der Flüssigkeit (Bruins, Covey und Henion, [20]). Durch die intensive technische Weiterentwicklung wurden Anwendungen ermöglicht, von denen die meisten Analytiker vor zehn Jahren noch nicht einmal zu träumen gewagt hätten. So reichen die Anwendungsbereiche der Elektrospray-Massenspektrometrie inzwischen von der Physikalischen Chemie bis zur Biochemie, von der Umwelt- bis zur Drogenanalytik und von der einfachen Molekülmassenbestimmung bis zur Strukturaufklärung von Proteinen.

1.3 Der Mechanismus des Elektrospray-Prozesses

Der genaue Ablauf des Prozesses, bei dem die in Lösung vorliegenden Ionen in die Gasphase überführt werden, ist eines der ungeklärten und umstrittensten Probleme der Elektrospray-Technik. In diesem Abschnitt soll eine kurze, schematische Darstellung der bekanntesten Theorien gegeben werden.

Der Elektrospray-Prozeß läßt sich in drei Schritte unterteilen:

- Bildung von Tropfen aus der Lösung,
- Verkleinerung der Tropfen durch Eindampfen und wiederholte Aufspaltung,
- Bildung von freien Ionen in der Gasphase.

Im ersten Schritt wird eine Substanzlösung mit einem Fluß von einigen Mikrolitern pro Minute durch eine Kapillare, beispielsweise eine Injektionsnadel, gepumpt. Wird an diese Kapillare Hochspannung angelegt, so tritt in der darin befindlichen Lösung teilweise eine Ladungstrennung auf. An der Spitze der Kapillare bildet sich ein Flüssigkeitskegel aus. Bei genügend hoher Spannung werden die Coulombkräfte in der Lösung so hoch, daß Teile der Flüssigkeit emittiert werden. Dabei bildet sich ein feiner Spray, der aus hochgeladenen Tröpfchen mit Durchmessern im Bereich weniger Mikrometer besteht. Auf die Vorgänge in der Kapillare und bei der Erzeugung des Sprays wird in Abschnitt 5.1.3 ausführlich eingegangen.

Aus diesen Tropfen verdampfen ständig neutrale Lösungsmittelmoleküle. Die durch die Verdampfungsenthalpie auftretende Abkühlung wird unter Atmosphärendruck durch Stöße mit den umgebenden Gasmolekülen ausgeglichen, so daß die Tropfen nicht einfrieren.

Mit zunehmender Verdampfung verringert sich auch das Volumen des Tropfens, was zu einem Anstieg der Ladungsdichte führt. An einem bestimmten Punkt werden die Coulombkräfte im Tropfen so hoch, daß die Oberflächenspannung nicht mehr ausreicht, um die Ladungen bei gegebenem Volumen zusammenzuhalten; der Tropfen muß einen Teil seiner Ladung abgeben. Der Punkt, an dem diese Grenze erreicht ist, wurde 1882 von Rayleigh mathematisch beschrieben und ist seitdem unter seinem Namen bekannt [21].

Die Abgabe der überschüssigen Ladung erfolgt durch Aufspaltung des Tropfens. Dies geschieht nicht unmittelbar aus der Kugelform, sondern aus instabilen Zonen an seiner Oberfläche (Abb. 1-1). Durch die Stöße mit umgebenden Gasmolekülen ist ein solcher Tropfen fast nie kugelförmig, sondern ist deformiert und vibriert. Bei entsprechender Feldstärke werden auch hier die Coulombkräfte so groß, daß sich ein *jet* an der Oberfläche des Tropfens ausbilden kann, durch den wiederum eine Anzahl kleiner Tröpfchen emittiert wird [22].

Quantitative Studien über diese Vorgänge wurden in den sechziger Jahren von mehreren Arbeitsgruppen durchgeführt [12b-d]. Dabei wurden geladene Tropfen zwischen zwei Kondensatorplatten in der Schwebe gehalten und ihre Ladung während der Verdampfung ermittelt; die Versuchsanordnung ähnelt dem Millikanschen Öltröpfchenversuch. Die Auswertungen zeigten, daß größere geladene Tropfen solange eindampfen, bis ein bestimmtes Verhältnis von Ladung zu Oberfläche erreicht wird. Dann gibt der Tropfen mehrere kleine Tröpfchen ab, die nur etwa 5% der Masse, aber 20...30% der gesamten Ladung enthalten. Der Punkt, an dem dieser Zerfall auftritt, entspricht dem aus dem Rayleigh-Limit berechneten Wert, und die freigesetzten Tropfen durchlaufen mehrfach den gleichen Prozeß von Eindampfen und Aufspaltung.

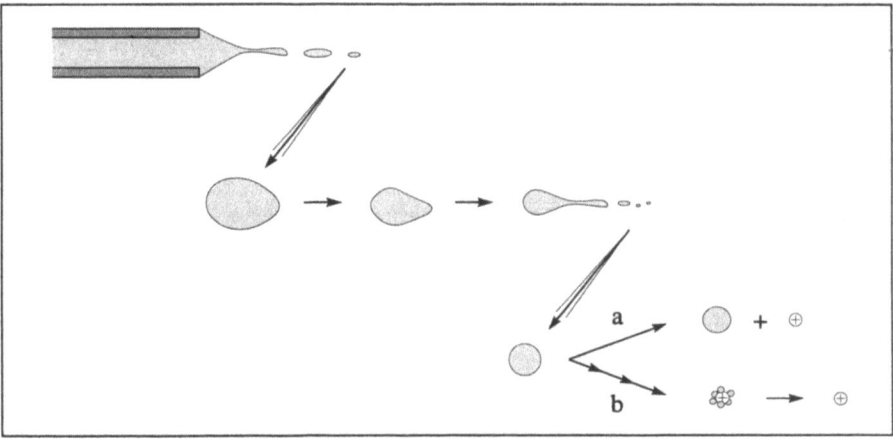

Abb. 1-1 *Darstellung der Freisetzung von Ionen aus geladenen Tropfen. a) entspricht der field induced ion evaporation von Iribarne und Thomson, b) ist das charged residue-Modell von Dole und Röllgen.*

Nach den Theorien der Elektrostatik sind die Ladungsträger im Tropfen hauptsächlich an der Oberfläche angeordnet. Da die abgespaltenen Tröpfchen wiederum aus der oberflächennahen Zone der Flüssigkeit freigesetzt werden (siehe auch S. 114), ist ihr Verhältnis von Ladung zu Masse stets höher als bei dem Tropfen vor der Spaltung. Dieses Verhältnis steigt mit der Zahl der durchlaufenen Spaltungen [22].

Bis hierher stimmen die meisten Modellvorstellungen zur Elektrospray-Ionisation untereinander überein. Unklar ist der Weg vom hochgeladenen Tröpfchen zum letztlich im Massenspektrometer beobachteten, freien Ion. Dazu werden im wesentlichen zwei Theorien diskutiert.

Den ersten Fall beschreibt die Theorie der *feldinduzierten Ionenverdampfung*. Sie wurde von Iribarne und Thomson 1976 und 1978 veröffentlicht [23]. Sie gingen von einem kinetischen Ansatz aus und stellten ein Modell auf, wonach bei einer bestimmten Feldstärke eine *direkte* Verdampfung der Ionen aus der Oberfläche des geladenen Tropfens stattfinden kann (Weg *a* in Abb. 1-1).

Diese Theorie wird seit Jahren angezweifelt. So haben die Autoren eine ideale sphärische Symmetrie der Tropfen vorausgesetzt und die Abschirmung der Ladungen untereinander durch polarisierte Lösungsmittelmoleküle vernachlässigt. Röllgen schloß die Möglichkeit einer Ionenverdampfung für die meisten Anwendungsfälle aus [24]. Anzumerken ist weiterhin, daß Iribarne und Thomson ihre Daten nicht mit Elektrospray-Ionisation erhalten haben: Die Lösung wurde pneumatisch zerstäubt, und eine Induktionselektrode befand sich neben der Spraywolke.

Die von vornherein auf den Tröpfchen vorhandene Ladung ist demnach wesentlich niedriger als bei Elektrospray.

Auf einer wesentlich einfacheren Annahme beruht das zweite Modell, das Dole und Hines 1968 als Grundlage ihrer Elektrospray-Experimente aufstellten [13]. Dabei wird angenommen, daß die geladenen Tröpfchen solange weiteren Rayleigh-Spaltungen unterliegen, bis letztlich nur noch ein Ion mit einigen anhaftenden Lösungsmittelmolekülen zurückbleibt. Nach dem Entfernen dieser Solvathülle bleibt ein freies Ion übrig (Weg b in Abb. 1-1), weshalb diese Theorie auch als *charged residue*-Modell bekannt ist. Doles Ansatz wurde von Röllgen übernommen und auch auf andere Ionisationsmethoden, besonders Thermospray, übertragen [24, 25].

Durch die zahlreichen und intensiven Untersuchungen, die durch die Verbreitung der Elektrospray-Technik ausgelöst wurden, ist ein zunehmendes Verständnis für die Vorgänge auf molekularer Ebene entstanden. Während die Theorie der feldinduzierten Ionenverdampfung lange Zeit favorisiert wurde, scheint inzwischen immer mehr dafür zu sprechen, daß das *charged residue*-Modell die ablaufenden Vorgänge am ehesten beschreibt [22]. Das Modell ist von Röllgen erweitert worden [26].

Bisher gibt es allerdings keinen *direkten* Beweis für oder gegen eine dieser Theorien. Die Tröpfchen sind im entscheidenden Stadium zu klein, um sie direkt beobachten zu können.

1.4 Kopplungen mit Elektrospray-Ionenquellen

1.4.1 Auflösungsvermögen

Bei einer Diskussion der Kopplung von Elektrospray-Ionisation mit verschiedenen Analysatorsystemen ist es erforderlich, auf die erreichbare Auflösung (*resolution*, R) einzugehen. Das Auflösungsvermögen eines Massenspektrometers beschreibt die Fähigkeit des Gerätes, zwei Ionen mit den Massen m und $m+\Delta m$ zu trennen. Die Auflösung ist definiert als das Verhältnis der Masse eines Ions zur Massendifferenz zwischen den beiden Ionen:

$$R = \frac{m}{\Delta m} \qquad \text{Gl. 1-1}$$

Als Maß für die Güte dieser Trennung ist die 10%-Tal-Definition üblich, d.h. bei gegebener Auflösung beträgt die Intensität im "Tal" zwischen zwei gleich hohen Peaks 10% der Höhe.

Die im Einzelfall erforderliche Auflösung hängt von der jeweiligen Anwendung ab. Um Informationen über die Nominalmasse einer Verbindung zu erhalten, reichen oft Messungen bei einer Auflösung von 1000...2000 aus. Demgegenüber sind zur präzisen Molmassenbestimmung oder bei quantitativen chromatographischen Arbeiten höhere Auflösungen erforderlich.

Ein Sonderfall sind mehrfach geladene Ionen, die besonders bei Elektrospray-Ionisation häufig beobachtet werden. Wie später (Kap. 6.2, S. 102) gezeigt wird, ist bei solchen Ionen der Abstand der Isotopenpeaks untereinander umgekehrt proportional zur Ladung. Bereits bei einem doppelt geladenen Ion fallen demnach *zwei* Peaks in ein Intervall mit einer Breite von *einer* Masseneinheit. Bei genügend hohem Auflösungsvermögen lassen sich diese Signale auszählen, so daß man anhand des Isotopenmusters einer einzigen Peakgruppe die Ladung des betreffenden Ions und damit letztlich die Molekülmasse ermitteln kann. Man muß in diesem Fall nicht auf den in Kap. 6.2 beschriebenen Algorithmus zurückgreifen, der mindestens einen weiteren Hilfspeak erfordert. Da sowohl m als auch die Massendifferenz Δm mit steigender Ladung in gleichem Maße zurückgehen, ist die erforderliche Auflösung unabhängig vom Ladungszustand des Ions. Aus Gl. 1-1 folgt, daß die erforderliche Auflösung für das Auszählen der Isotopenpeaks etwa so groß ist wie der Zahlenwert der relativen Molekülmasse.

1.4.2 Bestehende Kopplungen

Quadrupol-Massenspektrometer sind wegen ihrer Robustheit und ihres vergleichsweise niedrigen Preises weit verbreitet. Auch die meisten Entwicklungen zur Elektrospray-Ionisation wurden auf diesem Typ vorgenommen [14, 17], so daß viele existierende Geräte mit Elektrospray-Ionenquellen nachgerüstet werden. Im Gegensatz zu Sektorfeldgeräten (s. u.) sind die Betriebsspannungen dieser Spektrometer relativ niedrig, so daß bei der Kopplung mit chromatographischen Methoden kaum Isolationsprobleme auftreten.

Ion Trap. Mit den Quadrupol-Massenspektrometern verwandt ist die *Ion trap*, für deren Entwicklung Dehmelt, Paul und Ramsey vor einigen Jahren den Nobelpreis erhielten [27]. Besonders interessant ist bei diesem Spektrometertyp die Möglichkeit, ohne großen technischen Aufwand mehrstufige MS/MS-Experimente (MS^n) innerhalb eines einzigen Analysatorsystems durchzuführen.

Hier wurde die Kopplung mit Elektrospray 1990 verwirklicht [28b]. Das Auflösungsvermögen der kommerziell erhältlichen Geräte ist meist noch auf sog. Einheitsauflösung beschränkt, obwohl an Prototypen mit FAB Werte von $R = 10^5$ erreicht wurden [29]. Technische Schwierigkeiten bestehen darin, gleichzeitig mit der hohen Auflösung eine präzise Massenzuordnung zu erzielen [29].

ICR. Mit Spektrometern, die nach dem Prinzip der Ionenzyklotronresonanz (ICR) arbeiten, wurden in Verbindung mit Elektrospray Auflösungen von $5 \cdot 10^5$ gezeigt [30]. Da diese Spektrometer einen hohen technischen Aufwand erfordern, werden sie bisher kaum in der Routineanalytik betrieben.

Flugzeit-Massenspektrometer. Mit der Weiterentwicklung der Massenspektrometrie erlebten auch die Flugzeit-Massenspektrometer (*time-of-flight*, TOF) in den letzen Jahren eine Renaissance. Dies ist sicherlich auf ihren vergleichsweise einfachen (und damit kostengünstigen) Aufbau zurückzuführen, aber auch auf ihre hohe Ionenausbeute und den theoretisch unbegrenzten Massenbereich [31]. Kopplungen mit Elektrospray-Ionenquellen beschränken sich bisher auf Auflösungen unter 3000 [32].

Sektorfeld-Massenspektrometer sind die älteste und wohl auch die bekannteste Bauart. Diese Geräte sind im allgemeinen groß, schwer und teuer, gelten aber als die universellsten Massenspektrometer. Die für analytische Arbeiten wichtige Kombination aus hoher Auflösung bei gleichzeitig hoher Richtigkeit der Massenbestimmung und Eignung zum Routinebetrieb ist bisher nur mit doppelfokussierenden Sektorfeld-Geräten zu erzielen. Technische Probleme können bei der Entwicklung von Kopplungsverfahren durch die hohen Beschleunigungsspannungen auftreten, die im Bereich von mehreren Kilovolt liegen. Dies erfordert entsprechende Isolationsmaßnahmen.

1.4.3 Elektrospray an Sektorfeld-Massenspektrometern

Der Einsatz einer Elektrospray-Ionenquelle an einem Sektorfeld-Massenspektrometer erlaubt die Nutzung des hohen Auflösungsvermögens dieser Geräte. Während Auflösungen von mehr als 10 000 bei Messungen mit Elektronenstoß-Ionisation Routine sind, gibt es bisher nur wenige Publikationen, in denen hochaufgelöste Elektrospray-Spektren an Sektorfeld-Massenspektrometern gemessen wurden.

Wie erwähnt, stammen die ersten Elektrospray-Arbeiten an Sektorfeldgeräten von Aleksandrov und Mitarbeitern [16]. McEwen und Larsen zeigten 1992 Spektren, die mit Auflösungen von 1000...2000 aufgenommen wurden [33]; Chapman *et al.* publizierten ähnliche Daten ($R \approx 1000$, [34]). Im gleichen Jahr veröffentlichte Cody Elektrospray-Messungen, die mit Auflösungen zwischen 3000 und 10 000 an einem Sektorfeldgerät aufgenommen wurden [35]. Dies sind die ersten Messungen, die nach heutigen Maßstäben als Hochauflösung eingestuft werden können. Die Bestimmung der exakten Masse von Ionen, die durch Kollisionseffekte im Interface erzeugt werden, zeigte DiDonato ($R \approx 5000$, [36]). Ein Auflösungsvermögen von etwa 20 000 konnten Dobberstein und Schröder 1993 erreichen; sie verwendeten Elektrospray zur präzisen Massenbestimmung mit internem Standard [37].

1.4.4 Kommerziell erhältliche Interfaces

Zu Beginn der hier vorgestellten Arbeiten existierten auf dem kommerziellen Markt nur zwei Bauarten von Atmosphärendruck-Ionenquellen. Das IonSpray^{TM}-Interface der kanadischen Firma Sciex (Thornhill, Ontario) ist seit 1987 auf dem Markt und wird nur an den speziell dafür ausgelegten Spektrometern der gleichen Firma eingesetzt [10]. Während dieses Gerät auch für chemische Ionisation bei Atmosphärendruck verwendbar ist, war die Ionenquelle von Analytica of Branford (Branford, CT, USA) zunächst nur auf den Betrieb mit Elektrospray und mit geringen Flüssigkeitsströmen ausgelegt. Es handelt sich um ein Interface, das sich sowohl an Quadrupol- als auch an Sektorfeld-Massenspektrometern einsetzen läßt. Daneben existieren inzwischen auch Eigenentwicklungen verschiedener Hersteller. Kürzlich (1993) kam eine kommerzielle Ausführung dazu, die auf einem Patent von Chait *et al.* basiert [38b] und sowohl für höhere Flußraten als auch zur Anwendung mit APCI ausgelegt ist [39].

1.5 Ziele dieser Arbeit

Zur Kopplung von Elektrospray-Ionisation mit Flüssigchromatographie oder Kapillarelektrophorese boten die zu Beginn dieser Arbeit für Sektorfeldgeräte auf dem Markt befindlichen Interfaces keine zufriedenstellende Empfindlichkeit. Thema der vorliegenden Arbeit war daher die Entwicklung, Charakterisierung und Anwendung eines dafür geeigneten Elektrospray-Interfaces für ein vorhandenes, doppelfokussierendes Sektorfeld-Massenspektrometer.

Für eine breite Anwendbarkeit der LC/MS-Kopplung ist es erforderlich, die Arbeitsbedingungen der Chromatographie weitgehend von denen der Massenspektrometrie zu trennen; nur so lassen sich beide Systeme wirklich optimieren. Auf der instrumentellen Seite ergaben sich daher folgende Forderungen:

- Um einen routinemäßigen Einsatz des Interface zu erlauben, sollte es die *on-line*-Kopplung mit verschiedenen Trennmethoden erlauben. Dies schließt Flüssigchromatographie mit verschiedenen mobilen Phasen und unterschiedlichen Flußraten ebenso ein wie Kapillarelektrophorese. Daher mußte eine Möglichkeit gefunden werden, auch Flußraten zu verwenden, wie sie in der Flüssigchromatographie üblich sind.

- Das Massenspektrometer sollte mit möglichst hoher Auflösung bei gleichzeitig hoher Richtigkeit der Massenbestimmung betrieben werden können. Eine hohe Nachweisempfindlichkeit wurde angestrebt.

- Die vorhandene Ionenoptik im Bereich des Quellenkopfes läßt sich nicht unmittelbar für eine Atmosphärendruck-Ionenquelle verwenden. Daher mußte eine Ionenoptik entwickelt werden, die an Eigenschaften und Abmessungen einer solchen Quelle angepaßt ist.

- Die meisten Funktionen des (vorhandenen) Spektrometers werden über geräteinterne Rechner gesteuert und können automatisiert werden. Der Betrieb des Interfaces sollte daher weitgehend in die vorhandene Steuerung des Gerätes integriert werden.

- Das Interface sollte möglichst unkompliziert und technisch robust gebaut sein, um aufwendige und letztlich kostenintensive Reinigungsarbeiten und Betriebsunterbrechungen auf ein notwendiges Minimum zu beschränken.

Durch die vollständige Eigenentwicklung des Gerätes bot sich die Möglichkeit, zahlreiche instrumentelle Parameter zu variieren und deren Einfluß zu studieren. Dadurch konnte versucht werden, nähere Kenntnisse über die ablaufenden, mikroskopischen Vorgänge zu erlangen. So stellten sich folgende Fragen:

- Was geschieht bei der Erzeugung des Sprays? Welchen Einfluß haben Konzentration und Volumenstrom der zugeführten Analytlösung? Wodurch wird die erzielbare Empfindlichkeit bestimmt?

- Sind die mit Elektrospray-Ionisation erhaltenen Massenspektren beispielsweise mit denen aus Thermospray oder FAB vergleichbar? Welche Vorteile bietet Elektrospray hinsichtlich bestimmter Substanzklassen oder der Qualität der erhaltenen Spektren?

- Im Interface läßt sich kollisionsinduzierte Fragmentierung der Analytionen erreichen [16]. Wie weit läßt sich dieser Effekt *gezielt* steuern, und sind die Reaktionen dabei mit anderen Ionisationstechniken vergleichbar?

2 Experimenteller Teil

2.1 Massenspektrometer

Die in dieser Arbeit vorgestellten Experimente wurden an einem doppelfokussierenden Sektorfeld-Massenspektrometer des Typs MAT 90 (Finnigan MAT, Bremen) durchgeführt. Das Gerät war während der Arbeiten technisch nahezu auf dem Stand des Nachfolgemodells MAT 95. Es handelt sich um ein Spektrometer mit umgekehrter Nier-Johnson-Geometrie, bei dem der Magnet vor dem elektrostatischen Analysator (ESA) angeordnet ist.

Alle Messungen wurden bei voller Beschleunigungsspannung (ca. 5 kV) durchgeführt, der erfaßbare Massenbereich reichte dann bis ca. m/z 3500. Die Spektren wurden durch Magnetfeldscan mit 5...10 s dec^{-1} bei konstanter Beschleunigungsspannung aufgenommen. Alle Messungen wurden bei einer Verstärkung des Sekundärelektronenvervielfachers von ca. $1 \cdot 10^6$ durchgeführt, die regelmäßig überprüft und ggfs. nachgeregelt wurde.

Spektren wurden als Rohdaten im sog. *profile mode* aufgezeichnet, um Aussagen über die Peakform treffen zu können. Die in der Literatur meist anzutreffende Form der "Strichspektren" ist für Entwicklungsarbeiten weniger geeignet, da sie aus einer mathematischen Reduktion der gemessenen Signale (Centroidenbildung) resultiert und keine Rückschlüsse auf die Peakform zuläßt.

In vielen Fällen ist bei den Massenspektren der Substanzverbrauch für das abgebildete Spektrum aufgeführt. Diese Daten wurden aus der Konzentration der eingesetzten Lösung, der Flußrate der Spritzenpumpe und der Gesamtzeit für die angegebenen scans errechnet; die Rücksprungzeit des Magnetfelds ist dabei eingeschlossen.

Kalibrierung. Die Kalibrierung des Gerätes erfolgte im Elektronenstoß-Betrieb mit Ultramark 3200F bei einer Auflösung von ca. 5000. Die so erstellte Massenskala konnte direkt für die Aufnahme der Elektrospray-Spektren verwendet werden.

Vakuumsystem. Bei den Experimenten wurde das serienmäßige Vakuumsystem des Spektrometers weitgehend beibehalten. Eine Zusammenstellung der verwendeten Pumpen findet sich in Tabelle 2-1. Die Druckmessungen im Interface erfolgten mit den vorhandenen Vorvakuum-Meßröhren des MAT 90, die Werte sind stets unkorrigiert angegeben.

FAB-Massenspektren wurden am gleichen Gerät aufgenommen. Der Xenon-Atomstrahl wurde mit einer IonTech-FAB-Kanone erzeugt (Iontech Ltd., Teddington, Middlesex, GB), die mit einer Primärenergie von 8 kV und 2 mA Entladungsstrom betrieben wurde. Die Aufnahme der Spektren erfolgte bei einer Auflösung von 1000...1200. Für Messungen im statischen Betrieb wurden die zu untersuchenden Substanzen in Methanol gelöst und einige Mikroliter

Interface-Typ	Ort	Hauptpumpe	Vorpumpe
MS allgemein	Analysatorkopf	TPH 240	DUO 016B
	Analysator	TPH 240 und TPH 050	E2M8*
Einstufig	Interface	DUO 030A	–
Zweistufig	Interface 1. Stufe	DUO 030A	–
	Interface 2. Stufe	TPU 110	E2M8*

*Bei Typenbezeichnungen, die mit TP... beginnen, handelt es sich um wassergekühlte Turbomolekularpumpen, alle anderen sind zweistufige Drehschieberpumpen. Hersteller: *Edwards, Marburg, sonst Pfeiffer/Balzers, Asslar bzw. Liechtenstein.*

Tabelle 2-1 *Zusammenstellung der verwendeten Vakuumpumpen.*

dieser Lösung auf der Spitze des FAB-Targets in Glycerol verrieben. Einzelheiten zur verwendeten Ionenquelle und zu den Messungen im continuous-flow-FAB-Betrieb sind an anderer Stelle beschrieben [40].

Thermospray-Massenspektren wurden an einem stark modifizierten, einfachfokussierenden Sektorfeld-Massenspektrometer des Typs Varian CH5 aufgenommen. Der Aufbau und die verwendeten Geräte sind in Lit. [41] und [42] beschrieben. Die Aufnahme der Spektren erfolgte bei einer Scangeschwindigkeit von 5...8 s scan^{-1}. – Als Laufmittel bei den Messungen von Erythromycin A (Kap. 6.4) wurde Methanol/Wasser 1:1 (v/v) verwendet, als *makeup flow* 0.05 mol l^{-1} Ammoniumacetat in Wasser. Die Verdampfertemperatur betrug 126°C, die Quellentemperatur 250°C. Für die Messung der Organozinnverbindungen (Kap. 6.6) bestand das Laufmittel aus Acetonitril/Wasser/Essigsäure 70:25:5 (v/v/v), die Verdampfertemperatur lag hier bei 145°C.

Datensystem. Die Aufnahme und Auswertung der Daten erfolgte auf einer zum Spektrometer gehörenden DECstation 2100 (Digital Equipment, Düsseldorf; Betriebssystem Ultrix 4.1 Rev. 52) mit dem Softwarepaket ICIS II, Version 6.0 (Finnigan MAT). Bei allen Messungen wurde die Rechnersteuerung des Massenspektrometers soweit wie möglich beibehalten; Einzelheiten hierzu werden in den betreffenden Kapiteln besprochen. Experimente zur Untersuchung des Einflusses von Geräteparametern wurden nach Möglichkeit in der *Instrument Control Language (ICL)* des MAT 90 programmiert und automatisiert durchgeführt.

Zur weiteren Auswertung wurden die erhaltenen Daten über das im Hause vorhandene Netzwerk auf einen handelsüblichen PC überspielt und dort mit z.T. selbst entwickelter Software ausgewertet. Chromatogramme wurden als ASCII-Daten ausgelesen und mit einer erweiterten Version des Programms MSGraph [43] manuell integriert. – Isotopenmuster wurden mit dem

Programm ISOTOPE berechnet, das freundlicherweise von H. Kubinyi (BASF) zur Verfügung gestellt wurde. Die Rechnungen nach dem MaxEnt-Verfahren wurde freundlicherweise von Herrn T. Ferrige (MaxEnt Solutions Ltd.) mit dem Programm MEMSYS5 durchgeführt.

2.2 Einstufiges Interface

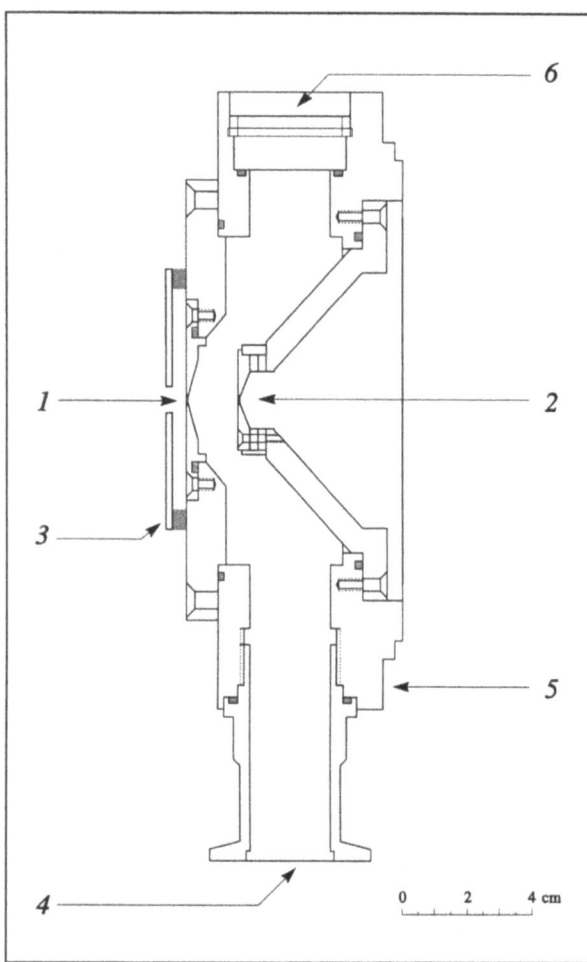

Abb. 2-1 *Das einstufige Interface. 1 äußere und 2 innere Blende, 3 Platte für beheizten Stickstoffvorhang (vgl. Abb. 2-3), 4 Pumpstutzen, 5 Grundkörper aus Makrolon, 6 Sichtfenster.*

Der mechanische Aufbau des einstufigen Interface ist in Abb. 2-1 gezeigt, die Ansicht des betriebsbereiten Gerätes findet sich in Abb. 2-2. Bei dieser Anordnung werden die unter Atmosphärendruck gebildeten Ionen durch eine Kombination aus zwei Blenden (Skimmern) ins Spektrometer überführt.

Als Werkstoff für den Grundkörper wurde Makrolon gewählt, ein Polycarbonat. Die Halterungen für die beiden Skimmer (*1* und *2* in Abb. 2-1) sind als großflächige Aluminiumteile ausgeführt, um die Möglichkeit von elektrostatischen Aufladungen an den Oberflächen auf ein Minimum zu reduzieren. Die Verwendung von Aluminium erlaubt eine problemlose Anfertigung der Einzelteile; gegenüber Stahl konnten keine materialbedingten Nachteile festgestellt werden.

Abb. 2-2 *Ansicht des betriebsbereiten, einstufigen Interfaces mit Injektionsventil, Sprayer und Stickstoffschild. Die Anlage wird im Betrieb durch eine Haube aus Makrolon® abgeschirmt.*

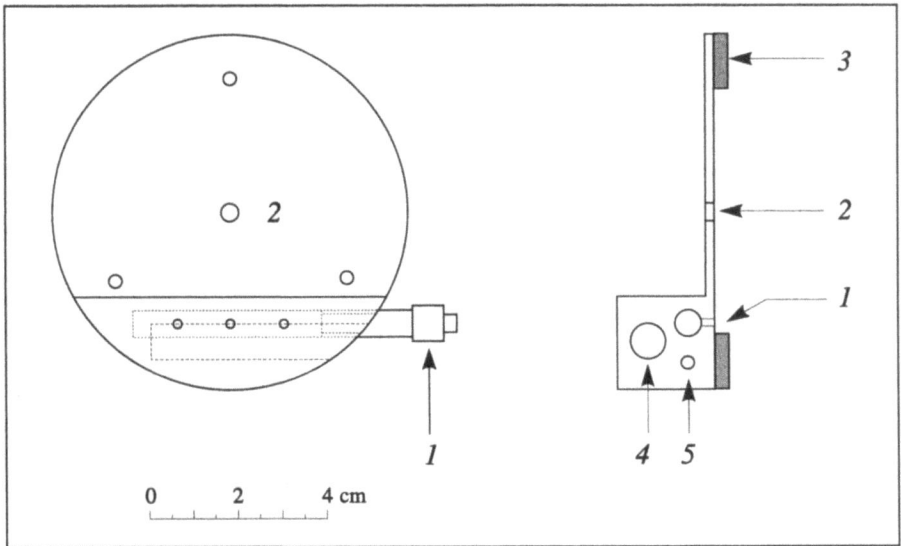

Abb. 2-3 *Desolvatisierungseinheit des einstufigen Interfaces. 1 Stickstoffzufuhr, 2 Durchlaß, 3 Teflonring, 4 Bohrung für Heizpatronen und 5 für Thermoelement.*

Konische Skimmer wurden aus Constructal, einer Aluminiumlegierung, im Hause angefertigt. Flache Aperturblenden aus Platin, ursprünglich für die Elektronenmikroskopie vorgesehen, wurden in verschiedenen Durchmessern von Plano (Marburg) bezogen und in eine passende Halterung aus Constructal eingepaßt. Bei Nichtbenutzung der Anlage wird die Öffnung der ersten Blende durch eine Aluminiumscheibe abgedeckt, die über einen O-Ring abgedichtet ist.

Der Grundkörper des Interfaces wird anstelle des ursprünglichen Quellenflansches in das Ionenquellengehäuse eingesetzt. Die Original-Teflondichtungen können weiterhin verwendet werden. Alle anderen Dichtungen sind mit handelsüblichen O-Ringen aus Gummi oder Viton ausgeführt. Die Einzelteile werden miteinander verschraubt, wobei die Gewinde in den meisten Fällen mit Einsätzen verstärkt wurden, um die Schrauben mit ausreichendem Drehmoment anziehen zu können.

Zum Anschluß der Vakuumpumpe dienen Kleinflanschverbinder mit Nennweite 40 mm (KF 40), für die ein passendes Adapterstück aus Delrin® gedreht wurde. Metallteile können in der Pumpleitung nicht verwendet werden (siehe Abschnitt 4.2), so daß auch die Schlauchanschlußstücke und die dazugehörigen Zentrierringe aus Delrin® gefertigt wurden.

Die Desolvatisierungseinheit für das einstufige Interface ist in Abb. 2-3, S. 17, gezeigt. Ihre Wirkung beruht darauf, daß dem im Elektrospray-Prozeß erzeugten Aerosol warmer Stickstoff entgegenströmt. Eine genauere Diskussion folgt in Abschnitt 4.5.

Die Beheizung erfolgt über eine Heizpatrone 14 V/100 W (Stegmeier, Fridingen), deren Leistung über ein in Abschnitt 2.4 beschriebenes Netzteil geregelt wird. Die Temperatur wird mit einem Chromel/Alumel-Thermoelement gemessen; die Vorgabe der Sollwerte erfolgt manuell.

Stickstoff wurde aus der zentralen Gasversorgung des Hauses bezogen. Zur Einstellung des Durchflusses dienten Regler aus einem Siemens-Gaschromatographen (Siemens C74302-A32-A7). Die Bestimmung des Volumenstroms in Abhängigkeit vom Vordruck erfolgte durch Messung mit den in der Gaschromatographie üblichen Geräten.

2.3 Zweistufiges Interface

Im Verlauf der Arbeit wurde eine zweite Pumpstufe entwickelt, die als Ergänzung des oben beschriebenen Interfaces eingesetzt werden kann. Der Aufbau ist in Abb. 2-4 (S. 20) skizziert und in Abb. 2-5 in betriebsbereitem Zustand gezeigt. Die zusätzlichen Bauteile werden auf der äußeren Platte des einstufigen Interfaces (*7* in Abb. 2-4) verschraubt.

Die Erzeugung des Elektrosprays erfolgt vor dem Prallschild *2*, das gleichzeitig als Gegenelektrode für die Zerstäubereinheit dient. Zur Desolvatisierung und Überführung der Ionen ins Vakuum wird eine Stahlkapillare *1* (0.51 mm i.d. × 0.83 mm a.d., 250 mm lang; SS 304 Gauge 21, Hamilton, Darmstadt) verwendet, die durch direkte Widerstandsheizung erhitzt wird. Alternativ wurde auch GLT-Rohr eingesetzt (*glass lined tubing*; 0.5 mm i.d. × 1/16" a.d., 300 mm lang; L12 von SGE, Weiterstadt). Zur Temperaturregelung wird dasselbe Netzteil verwendet wie für die Desolvatisierungseinheit des einstufigen Interfaces. Die Temperaturmessung erfolgt ebenfalls über ein Chromel/Alumel-Thermoelement *4*, das etwa 40 mm vom vorderen Ende der Kapillare entfernt befestigt ist.

Für die Überführung dieser Kapillare in den Bereich der ersten Pumpstufe *6* wird hier eine Durchführung *5* aus einer Thermospray-Schubstange verwendet. Wegen des metallischen Gehäuses muß dieses Bauteil im Betrieb auf Beschleunigungsspannung gelegt werden, so daß ein entsprechender Berührungsschutz erforderlich ist. Nach den bisherigen Erfahrungen spricht jedoch nichts gegen eine Ausführung aus Kunststoff.

Der Grundkörper der ersten Pumpstufe *6* wurde ebenfalls aus Makrolon gefertigt. Der Anschluß der Vorpumpe erfolgt wieder über Kleinflanschverbinder KF 40 aus Delrin®.

Die Feinjustierung der Kapillare erfolgt axial durch Lösen der Verschraubungen an der Durchführung und Verschieben der Kapillare. Die Vorrichtung für die radiale Ausrichtung ist in Abb. 2-6, S. 21, gezeigt. Hier werden zwei Stellschrauben benutzt, die rechtwinklig zueinander im Grundkörper angeordnet sind. Durch die vollisolierte Bauweise können sie auch während des Betriebes justiert werden. Der Ausrichtvorgang wird durch ein Sichtfenster aus Plexiglas® beobachtet, das sich auf der Höhe des Pumpstutzens befindet (*4* in Abb. 2-6). Bei Nichtbenutzung der Anlage wird das äußere Ende der Kapillare mit einigen Lagen Teflonband verschlossen. Eine zu gute Abdichtung darf allerdings nicht erfolgen, da sonst Ölrückströmungen von der Drehschieberpumpe der ersten Stufe erfolgen können.

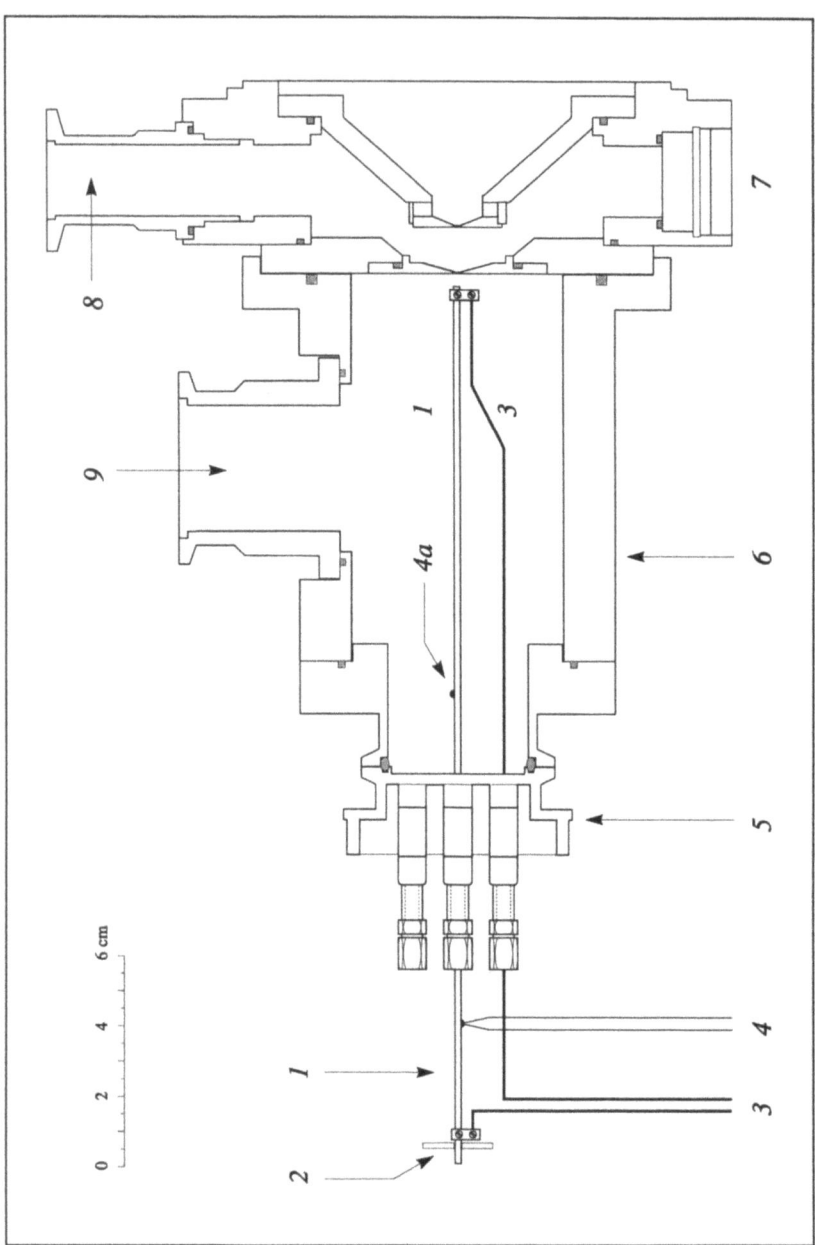

Abb. 2-4 *Das zweistufige Interface. 1 Transferkapillare, 2 Prallplatte, 3 Stromzuführungen, 4 Thermoelement, 5 Durchführungen, 6 Grundkörper, 7 vgl. Abb. 2-1, 8 zur Turbopumpe, 9 zur Drehschieberpumpe.*

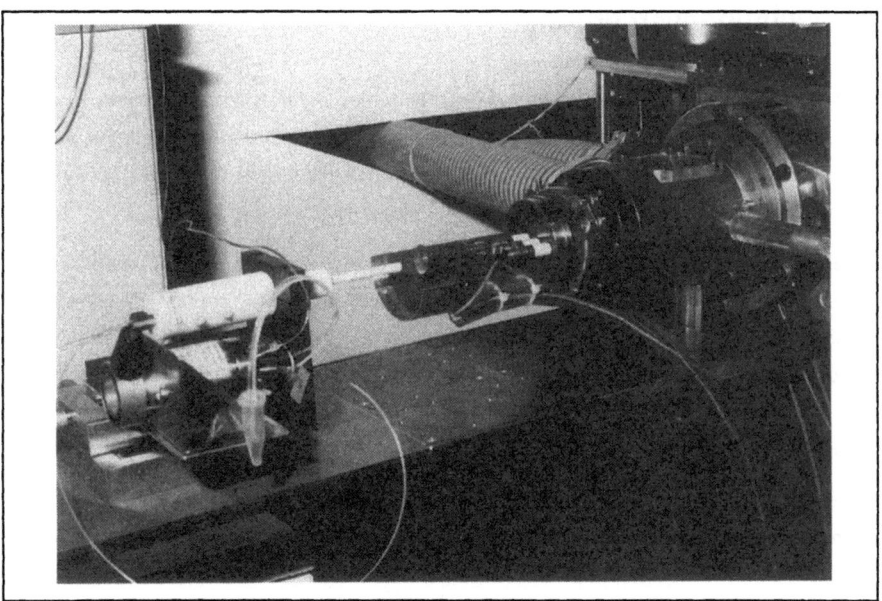

Abb. 2-5 Ansicht des betriebsbereiten, zweistufigen Interfaces.

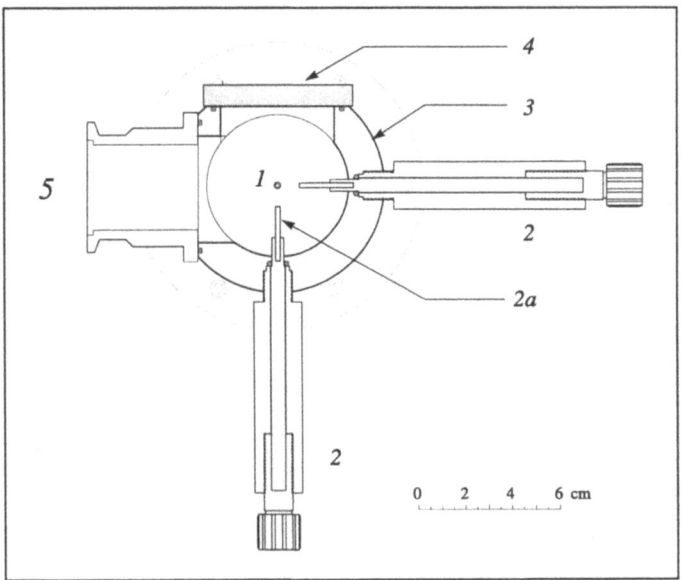

Abb. 2-6 Skizze der Zentriereinrichtung in axialer Ansicht. *1* Transferkapillare, *2* Stellschrauben aus Makrolon, *2a* Stahlspitze, *3* Grundkörper aus Makrolon, *4* Sichtfenster, *5* zur Drehschieberpumpe.

2.4 Spannungsversorgung

Abb. 2-7 zeigt schematisch die Spannungsversorgung des Gerätes, wie sie bei den verschiedenen Interface-Typen eingesetzt wurde. Die meisten Betriebsspannungen werden aus der geräteeigenen Hochspannungsversorgung bezogen, so daß deren Steuerung und Überwachung durch die internen Prozeßrechner des MAT 90 möglich ist.

Die Beschleunigungsspannung *1* wird an der zweiten Blende angelegt, da hauptsächlich deren Potential die kinetische Energie der Ionen definiert. Die Spannungen für die Ziehblende *5* und die Quadrupol-Ionenoptik *6* werden an den Kontakten der Original-Ionenoptik des Gerätes angeschlossen. Alle diese Zuleitungen werden über den dafür vorgesehenen Verteiler unterhalb des Ionenquellenkopfes geführt, so daß Messungen und Änderungen der Beschaltung leicht vorgenommen werden können.

Um Desolvatisierung und kollisionsinduzierte Fragmentierung im Bereich des Interfaces zu steuern, muß das Potential der ersten Blende (*2* in Abb. 2-7) um mehrere hundert Volt gegenüber der zweiten Blende variierbar sein. Zu diesem Zweck wird das Netzteil des Pushers verwendet, dessen Ausgangsspannung in einem Bereich von $0...\pm220$ V um die Beschleunigungsspannung veränderbar ist.

Die Desolvatisierungseinheit *3* wird ihrerseits wiederum auf ein Potential oberhalb der Pusher-Spannung gelegt. Da bei der vorhandenen Ionenquellenheizung des MAT 90 das Bezugspotential intern auf Beschleunigungsspannung festliegt und nicht ohne größeren Aufwand entkoppelt werden kann, müssen die Spannungen für diese Teile extern zugeführt werden. Dazu wird hier eine umgebaute Thermospray-Verdampfereinheit (Prototyp von Finnigan MAT, Bremen; Umbauten vom Verfasser) verwendet. Sie verfügt unter anderem über ein Netzteil $0...1$ kV, das beim einstufigen Interface (Abb. 2-7a) für die Anhebung des Potentials der Desolvatisierungseinheit verwendet wird. Analog dazu wird bei der zweistufigen Ausführung (Abb. 2-7b) ein im gleichen Einschub enthaltenes Netzteil $0...\pm220$ V verwendet; der Regelbereich des 1-kV-Netzteiles erwies sich hier als zu groß und daher unpraktisch. – Diese Verdampfereinheit enthält auch die Leistungs- und Regelelektronik für die Beheizung der Desolvatisierungseinrichtungen.

Zur Erzeugung der Hochspannung für die Elektrospray-Zerstäubereinheit dient ein Netzteil *alpha series II* ($0...15$ kV, umpolbar; Brandenburg Ltd., Thornton Heath, Surrey, GB; *4* in Abb. 2-7). Dessen Bezugspotential kann nicht auf Beschleunigungsspannung hochgelegt werden, so daß die Elektrospray-Betriebsspannung beim Ein- und Ausschalten der Beschleunigungsspannung stets manuell nachgeregelt werden muß.

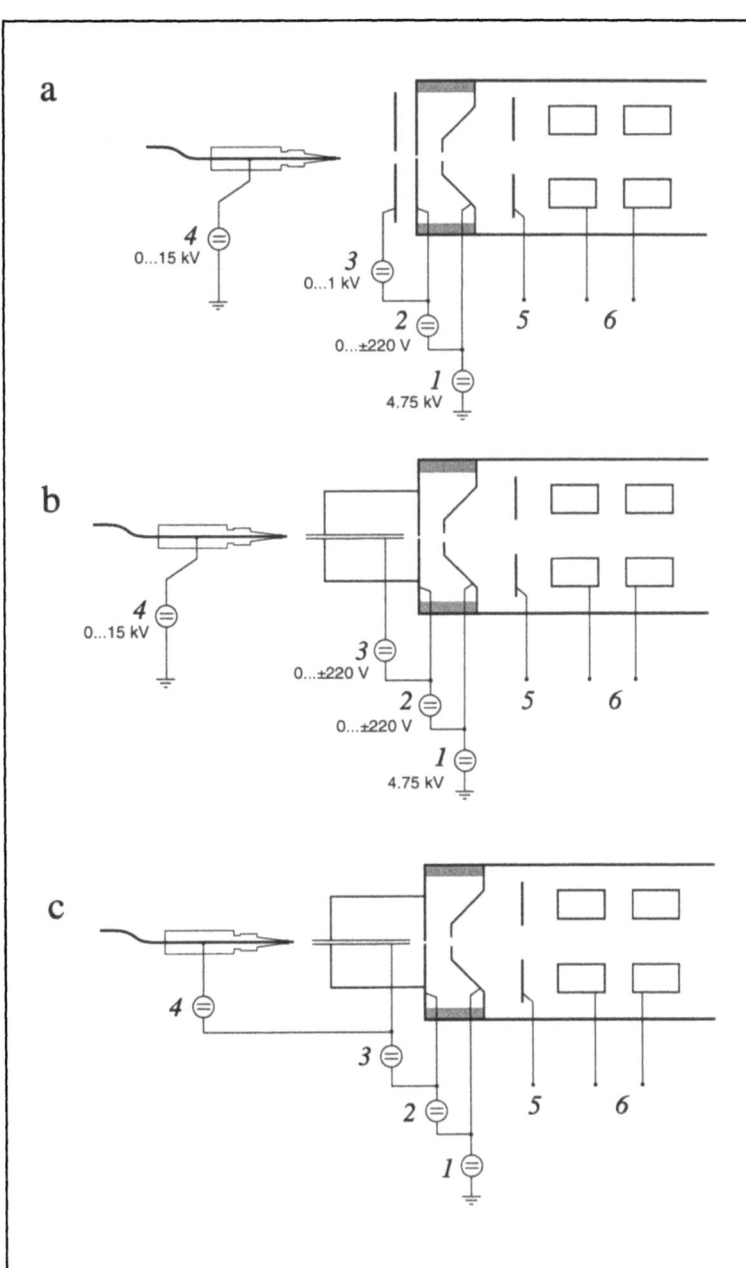

Abb. 2-7 *Schematische Darstellung der Spannungsversorgung. 1 Beschleunigungsspannung, 2 Pusher, 3 Desolvatisierung, 4 Erzeugung des Elektrosprays, 5 Ziehblende, 6 Quadrupol-Optik.*

Eine Verbesserung wäre die Verwendung eines Netzteiles mit frei wählbarem Bezugspotential für den Zerstäuber, wie es in Abb. 2-7c eingezeichnet ist. Mit dieser Anordnung könnte man die Elektrospray-Betriebsspannung stets unabhängig von der Beschleunigungsspannung einstellen. Experimente mit *linked scans*, bei denen während der Datenaufnahme die Beschleunigungsspannung verändert wird, sind erst mit einer solchen Anordnung möglich.

2.5 Aufbau der Ionenoptik

In der Ionenoptik des Gerätes wird eine Anordnung aus zwei elektrostatischen Quadrupollinsen verwendet. Eine ausführliche Besprechung der Wirkungsweise erfolgt in Kap. 3. – Der mechanische Aufbau der Ionenoptik ist in Abb. 2-8 gezeigt. Die Einzelteile sind aus Constructal gefertigt, wobei die Außenseiten der Quadrupol-Elemente poliert sind. Für die Ziehblende und die in Kap. 3 beschriebenen Linsenelemente wird VA-Stahl verwendet.

Zur Isolation und zum Einstellen der Abstände dienen Keramikrohre (3 mm i.d. × 5 mm a.d. und 5.1 mm i.d. × 8 mm a.d., Friedrichsfeld, Mannheim). Der Zusammenbau der gesamten Anordnung erfolgt mit handelsüblichen Gewindestangen und Muttern M3. Die vollständig aufgebaute Ionenoptik wird im Analysatorkopf auf einer dort montierten Grundplatte aus der konventionellen Ionenquelle verschraubt.

Elektrische Anschlüsse werden an den Quadrupolen über verschraubte Verbindungen, an den Linsenelementen über punktgeschweißte Anschlüsse hergestellt. Die Zuführung der Versorgungsspannungen erfolgt von außen über die vorhandenen Steckverbinder am Quellenkopf. Die genauen Maße und Potentiale sowie die Zuordnung zu den einzelnen Netzteilen des MAT 90 sind in Tabelle 3-1, S. 34, aufgeführt.

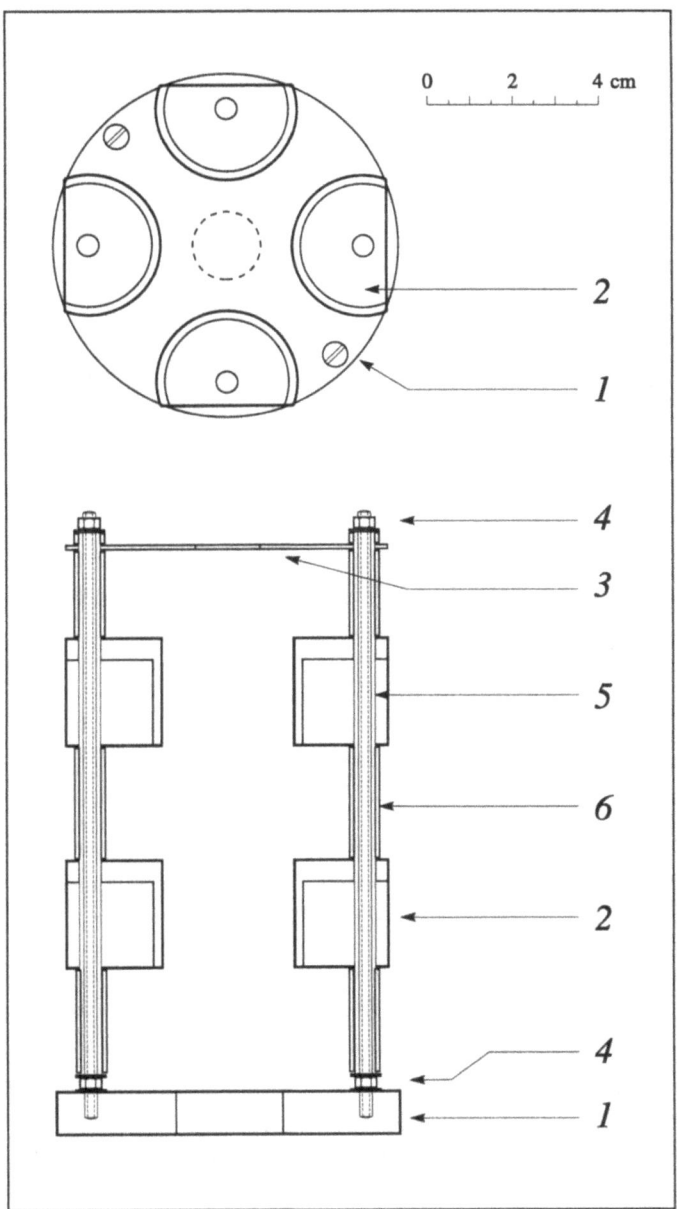

Abb. 2-8 Aufbau der Ionenoptik. *1* Grundplatte, *2* Quadrupol-Element, *3* Ziehblende, *4* Gewindestange mit Verschraubung M3, *5* durchgehendes Keramikrohr 3 mm i.d. × 5 mm a.d., *6* Keramikrohre 5.1 mm i.d. × 8 mm a.d.

2.6 Sprayer und Halterung

Bei der Elektrospray-Ionisation wird die Analytlösung an der Spitze einer Kapillare im elektrischen Feld zerstäubt, wobei dieser Vorgang zusätzlich durch Druckluft oder Stickstoff unterstützt werden kann. Die Konstruktion der in dieser Arbeit verwendeten Sprayereinheit ist in Abb. 2-9 skizziert.

Als Material für den Grundkörper wird hier ausschließlich Teflon verwendet, das neben seiner chemischen Beständigkeit den Vorteil der elektrischen Isolation bietet. In diesen Grundkörper ist eine Stahlkapillare für den *sheath flow* (2 in Abb. 2-9, 0.41 mm i.d. × 0.72 mm a.d., 135 mm lang, SS 304 Gauge 22, Hamilton) flüssigkeitsdicht eingepreßt. Konzentrisch dazu wird die innere, zweite Kapillare *1* eingebaut, die den eigentlichen Analyten zuführt. Hier wird entweder eine zweite Stahlkapillare (0.18 mm i.d. × 0.36 mm a.d., 200 mm lang, SS 304 Gauge 28, Hamilton) oder eine *fused-silica*-Kapillare (75 µm i.d., Analyt, Müllheim) verwendet. Der als Zerstäubergas verwendete Stickstoff wird durch Teflonschlauch (0.7 mm i.d. × 1.2 mm a.d., Labokron, Sinsheim) zugeführt. Die Verschraubungen sind mit handelsüblichen HPLC-Verbindern aus Kunststoff (Upchurch Scientific, via GAT, Bremerhaven), Dichtungen mit Graphit-Ferrules und ggfs. mit Siliconschlauch ausgeführt.

Das einzige im Betrieb offen auf Hochspannung liegende Teil des Sprayers ist die vorderste Spitze der Kapillaren, was sich durch eine entsprechende Abdeckhaube aus Makrolon absichern läßt. Diese Haube bedeckt beim einstufigen Interface sämtliche potentialführenden Metallteile von Interface und Sprayer.

Um eine stabile Befestigung der Spray-Einrichtung zu gewährleisten, wird am Analysatorkopf des Massenspektrometers eine Klemmvorrichtung angebracht. Eine 10 mm starke Aluminiumplatte, die als "Arbeitstisch" dient, ist mit dieser Vorrichtung verschraubt.

Der Sprayer selbst wird in eine Halterung eingepaßt, die auf zwei im Hause angefertigten Verschiebetischen befestigt ist. Die gesamte Anordnung wird wiederum auf der genannten Aluminiumplatte verschraubt (vgl. Abb. 2-2 und Abb. 2-5), so daß eine unbeabsichtigte Verschiebung der Zerstäubereinheit gegenüber dem Interface ausgeschlossen werden kann. Durch die Montage auf Verschiebetischen kann die Position des Sprayers sowohl quer als auch parallel zur Längsachse des Interfaces verstellt werden, so daß die Arbeitsposition exakt einjustiert werden kann.

2.7 Probenzuführung

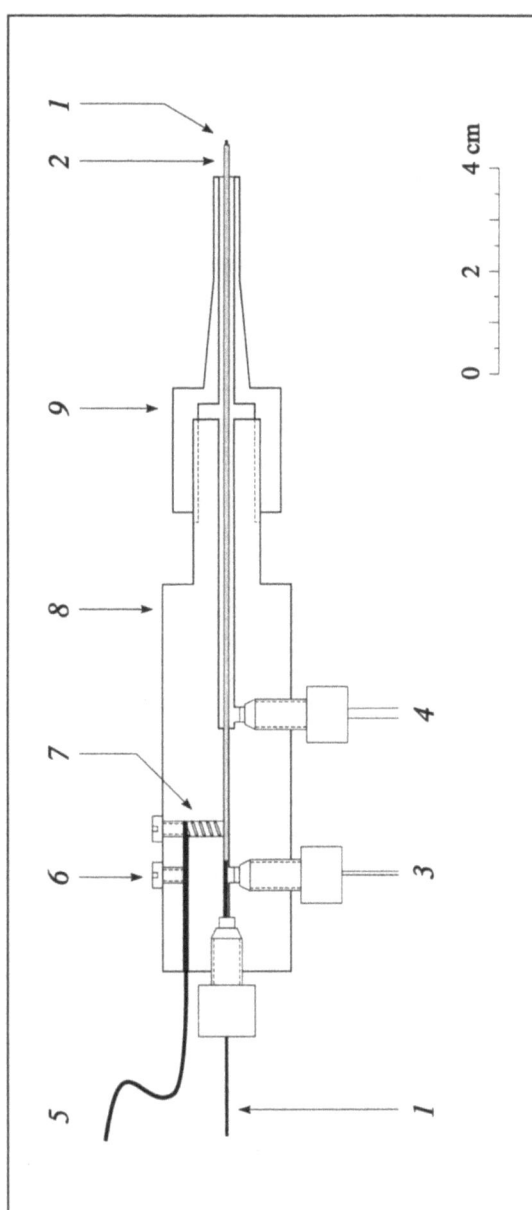

Abb. 2-9 *Aufbau der Zerstäuber-Einheit. 1 Innere Kapillare, 2 Kapillare für 3 sheath flow, 4 Stickstoff, 5 Hochspannungskabel, 6 Zugentlastung, 7 Kontaktfeder, 8 Grundkörper, 9 Kappe.*

Die Zuführung der Proben erfolgte über ein Injektionsventil Rheodyne Typ 7125 mit einer 5-µl-Probenschleife (Latek, Eppelheim). Zur Förderung des Laufmittels diente eine im Hause gebaute Spritzenpumpe, die auf einer Infusionspumpe (Braun, Melsungen) basiert und durch Einbau eines 20:1-Getriebes sowie einer passenden Schrittmotorsteuerung modifiziert wurde. Sie erlaubt den parallelen Betrieb mit zwei konventionellen Glasspritzen (Hamilton Serie 1000, 500 µl oder 1000 µl Inhalt, mit LuerLock-Verschraubung), so daß *sheath flow* und Laufmittel simultan zugeführt werden können. Gleichzeitig kann über das Volumen der Spritzen auch das Verhältnis der Flußraten zueinander eingestellt werden. Für Flüsse von mehr als ca. 20 µl min^{-1} wurde eine Spritzenpumpe Milton-Roy microMetric (LDC, Hasselroth) verwendet.

Der Anschluß der Sprayers an die Spritzen erfolgt mit LuerLock-Kanülen, die mit konventionellen HPLC-Kupplungsstücken verschraubt werden. Die Zuführung des Analyten und des *Makeup*-Flusses zum Sprayer erfolgt über *fused-silica*-Kapillaren (Innendurchmesser 75 µm, ca. 130 cm lang, Analyt, Müllheim), die ihrerseits in Teflonschläuchen (0.6 mm i.d. × 1.1 mm a.d., Labokron) geführt werden.

Kapillaren aus PEEK, die seit einiger Zeit mit ähnlichen Maßen wie *fused-silica*-Kapillaren im Handel sind, erwiesen sich für diesen Zweck als ungeeignet. Durch den ohmschen Spannungsabfall entlang der Kapillare bilden sich hohe Feldstärken aus, so daß es zu Überschlägen durch die Wandung kommen kann. Bei der Verwendung von *fused silica* ist zwar eine ähnliche elektrostatische Anziehung hin zu geerdeten Oberflächen zu beobachten, aber es kam in keinem Fall zu Entladungen.

Da sich bei den verwendeten, niedrigen Flußraten — im Bereich von Mikrolitern pro Minute — bereits geringe Totvolumina wesentlich stärker auf Peakform und Retentionszeiten auswirken als bei konventioneller HPLC, ist eine sorgfältige Ausführung aller Verbindungen erforderlich. Zur Abdichtung der Übergänge zwischen *fused-silica*-Kapillaren und Standard-HPLC-Verbindern im Bereich des Injektionsventils dienen zusätzliche Manschetten aus PEEK (Upchurch Scientific). — Bei der Ankopplung an die zeitweise verwendete, innere Stahlkapillare des Sprayers werden beide Kapillaren glatt abgeschliffen, auf Stoß zusammengebracht und ein etwa 30 mm langes Stück einer Stahlkapillare Gauge 22 übergeschoben. Die Anordnung wird dann kurz vor dem Eingang zum Sprayer mit Teflon-Schrumpfschlauch fixiert.

2.8 Chemikalien

Wasser wurde im Hause mit einem Ionenaustauscher LabIon5 entsalzt und zweifach in Quarz destilliert. Acetonitril, Methanol und Essigsäure wurden von Merck (Darmstadt) in "p.A."-oder "LiChroSolv"-Qualität bezogen, Methanol auch von Promochem (Wesel). Glycerol wurde von Aldrich (Milwaukee, WI, USA), Trifluoressigsäure von Riedel-de Häen (Seelze) und Tetrabutylammoniumhydroxid als 40%ige Lösung in Wasser (pract.) von Fluka (Neu-Ulm) erworben. Cytochrom c, Erythromycin A, Gramicidin S, Rinderinsulin, Lysozym und Reserpin wurden von Sigma (München) bezogen. Deoxy-thymidylyl-3'-5'-deoxythymidin, dTpdT, stammte von Boehringer Mannheim. Bis(tributylzinn)(IV)oxid [$(C_4H_9)_3Sn$]$_2$O und Dibutylzinn(IV)chlorid $(C_4H_9)_2SnCl_2$ wurden von Dr. Müller, Ciba-Geigy, zur Verfügung gestellt. Alle Substanzen wurden ohne weitere Reinigung eingesetzt.

3 Die Ionenoptik

3.1 Grundlagen

Die Weiterentwicklung der Analysatorsysteme von Sektorfeldgeräten führte in den vergangenen Jahren zu immer leistungsfähigeren Instrumenten. Parallel dazu wurde auch die Ionenoptik im Bereich der Ionenquellen verbessert.

Das Analysatorsystem eines Sektorfeld-Massenspektrometers verfügt über einen rechteckigen Eintrittsspalt. Die Hauptaufgabe der Ionenoptik, die sich zwischen dem Ort der Ionenerzeugung und dem Analysatorsystem befindet, besteht darin, den Ionenstrahl so zu formen, daß er in Form und Größe an die Dimensionen des Eintrittsspaltes angepaßt, d. h. auf ihn fokussiert, wird.

Idealerweise sollte das Resultat dieser Einflüsse dann so aussehen (Abb. 3-1), daß die Trajektorien der Ionen nach dem Durchlaufen der Ionenoptik in der Ebene des Spaltes, also in der xz-Ebene, exakt parallel verlaufen. Dabei wird die Flugrichtung der Ionen als x-Richtung definiert; die xz-Ebene wird von ihr zusammen mit der Längsachse des Eintrittsspaltes aufgespannt, ist also die "Vertikale".

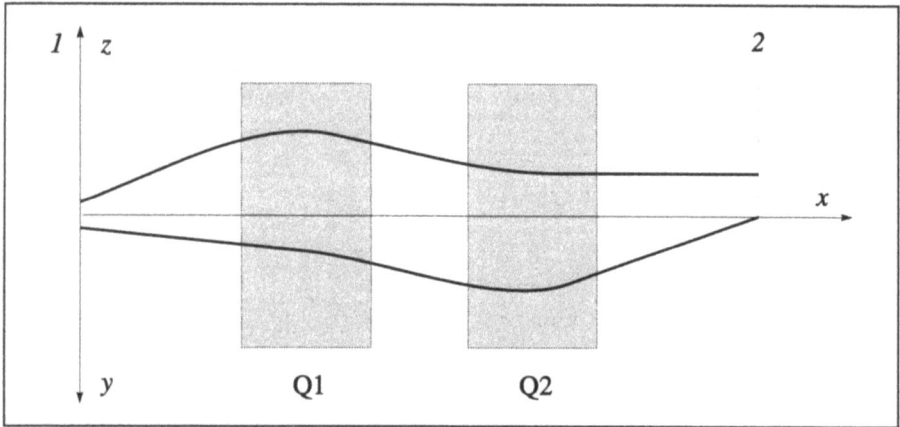

Abb. 3-1 *Prinzip der Fokussierung des Ionenstrahls in der xy-Ebene (untere Hälfte) und in der xz-Ebene (oben). 1 Objekt-, 2 Bildebene, Q1 erster und Q2 zweiter Quadrupol.*

In der xy-Ebene liegt das Flugrohr des Analysatorsystems, so daß über bzw. unter ihr die Polschuhe des Magneten liegen. Der Strahl sollte mit möglichst geringem Öffnungswinkel (Apertur) auf den Eintrittsspalt fokussiert werden. Wegen der richtungsfokussierenden Wirkung eines magnetischen Sektorfeldes – d. h. Ionen mit gleichem Verhältnis von Masse zu Ladung, aber mit (geringfügig) unterschiedlichen Eintrittswinkeln werden nach dem Durchlaufen des

Analysators in einem Punkt vereinigt – ist in dieser Ebene eine leichte Divergenz des Strahles zulässig. Beliebig groß darf diese Apertur allerdings nicht werden, da die immer vorhandenen Abbildungsfehler mit steigendem Öffnungswinkel anwachsen [31], und das müßte dann wieder korrigiert werden.

In konventionellen Ionenoptiken wird diese Strahlformung durch elektrostatische Linsen erreicht, die meist aus flachen oder abgewinkelten dünnen Blechen bestehen. Da sich das Potential einer solchen Linse *linear* mit der Entfernung ändert, ist die elektrische Feldstärke, die auf ein Teilchen wirkt, nahezu konstant und damit unabhängig von seiner räumlichen Position in der Linse. Problematisch dabei ist, daß diese Linsen wegen der konstanten Feldstärke üblicherweise sehr nah am Flugweg der Ionen angeordnet werden müssen (oft im Millimeterbereich und darunter). Dies widerspricht der Forderung, daß die Trajektorien möglichst weit von den optischen Elementen entfernt verlaufen sollen [44a]. Daher können sich bereits durch geringe mechanische Fehler, wie z.B. Kratzer, Störungen ausbilden, die zu Abbildungsfehlern führen und die Wirksamkeit der Optik beeinträchtigen. Weiterhin neigen solche Anordnungen zu schneller Verschmutzung, da ein Teil der Ionen wegen der räumlichen Nähe auf die Blenden trifft.

Eine Alternative dazu bietet die Verwendung von elektrostatischen Quadrupolelementen. Innerhalb eines Quadrupols mit dem inneren Radius R_0, dessen Stäbe sich auf dem Potential V_0 befinden, läßt sich das Potential V nach der Beziehung

$$V(r,\theta) = \pm V_0 \frac{r^2}{R_0^2} \cos(2\theta)$$

berechnen; dabei ist r der radiale Abstand von der optischen Achse und Θ der Winkel zur Hauptebene.

Aus dieser Gleichung ist zu ersehen, daß sich das Potential im Quadrupolfeld mit dem *Quadrat* der Entfernung ändert. Damit ist auch die Feldstärke nicht mehr konstant, sondern steigt linear mit der Abweichung vom Zentrum an: Je weiter sich ein Ion von der optischen Achse des Systems entfernt, um so größer ist die darauf wirksame Kraft. Dies bewirkt eine starke Fokussierung und Zentrierung des Ionenstrahles und bringt letztlich auch eine höhere Transmission als bei konventionellen Optiken.

In der vorliegenden Quelle wurde ein solches System aus zwei statischen Quadrupollinsen eingesetzt. Die Wirkungsweise ist in Abb. 3-1 schematisch dargestellt: Ein von links in das Quadrupolsystem eintretendes Bündel von positiv geladenen Ionen mit kreisförmigem Querschnitt wird vom ersten Quadrupol in die Form einer Ellipse gebracht. In der Ebene der beiden positiv geladenen Stäbe erfolgt dabei eine Ablenkung zur Mitte hin, während die negativ geladenen Stäbe die Flugbahn in der Längsachse des Eintrittsspaltes aufspreizen.

Nach dem Verlassen des ersten Quadrupols ist das Ionenbündel divergent. Zur Korrektur dient eine zweite Quadrupollinse, deren Polaritäten vertauscht und deren Potentiale betragsmäßig etwas niedriger sind.

Quadrupol-Optiken erlauben eine unabhängige Fokussierung in der y- und z-Richtung, was bereits 1959 von Giese [44a] gezeigt und von Enge [44b], später auch von Lu und Carr [44c], mathematisch beschrieben wurde. Obwohl der Astigmatismus einer Quadrupoloptik grundsätzlich kontrollierbar ist, besteht ein Nachteil des Quadrupol*dubletts* darin, daß bei gezielt stigmatischer Fokussierung (also bei der oben geforderten Strahlformung!) die Vergrößerung in y- und z-Richtung sehr unterschiedlich ausfällt, und damit wachsen die Abbildungsfehler an. Wie Boerboom und Mitarbeiter zeigten, kann man dies durch Verwendung eines Quadrupol*tripletts* kontrollieren [44d, 45], da hier ein zusätzlicher Freiheitsgrad zur Korrektur zur Verfügung steht. Diese Idee wurde vor einigen Jahren auch für eine Thermospray-Ionenquelle wieder aufgegriffen [46].

Zur Verwendung von statischen Quadrupolen vor dem magnetischen Sektorfeld eines Massenspektrometers gab es bereits Ende der 50er Jahre einige Veröffentlichungen. Nach den Arbeiten von Giese [44a] publizierten Kinzer und Carr [44e] ein erstes Massenspektrum, das mit einer solchen Quelle aufgenommen wurde. Bemerkenswert ist, daß hier der Eintrittsspalt durch das Quadrupol-Paar ersetzt wurde, d.h. die früher vom Spalt vorgenommene Definition des Strahlquerschnitts wurde hier vollständig von den Quadrupolen übernommen. Allerdings wurden in keiner der Arbeiten Blenden oder Linsen, sondern stets Gitter für die Beschleunigung der Ionen verwendet. Darüber hinaus werden statische Quadrupolsysteme in den *Analysator*systemen von Massenspektrometern schon lange verwendet [31], wo sie meist als Feldlinsen dienen. Die ionenoptischen Anforderungen sind dabei allerdings anders als im Bereich der Ionenquellen; siehe z.B. [45b]. Eine erste Anwendung eines Quadrupoldubletts mit einer Atmosphärendruck-Ionenquelle findet sich bei Kambara [47].

3.2 Aufbau und Spannungsversorgung

Das im vorausgegangenen Abschnitt beschriebene Prinzip haben wir bereits erfolgreich in zwei anderen Ionenquellen für Sektorfeldgeräte eingesetzt. Der Prototyp wurde an einer Thermospray-Quelle entwickelt [41, 48] und die dort gemachten Erfahrungen später auf eine Continuous-flow-FAB-Ionenquelle übertragen [40]. Im letztgenannten Fall mußte die Bauform der Quadrupol-Einheit sehr klein gehalten werden, um den Original-Quellenblock weiter verwenden zu können.

Gestützt durch diese Erfahrungen, wurde für das Elektrospray-Interface von Anfang an die Verwendung einer ähnlichen Quadrupoloptik geplant und umgesetzt. Da hier nicht auf mechanische Kompatibilität mit einer vorhandenen Ionenoptik oder -quelle geachtet werden mußte, konnte nahezu der gesamte Innenraum des Analysatorkopfes genutzt werden. Auf diese Weise entstand eine außergewöhnlich lange (ca. 150 mm), einfach aufgebaute Optik, die in Abb. 2-8 (S. 25) gezeigt ist. Die Dimensionen und die verwendeten Potentiale sind in Tabelle 3-1 (S. 34) zusammengestellt.

Durch die weiten Abmessungen wird sichergestellt, daß die Gefahr einer Kontamination sehr gering ist. Zusätzlich wird die mechanische Fertigung erleichtert: Durch den großen Abstand voneinander und besonders von den Trajektorien ist es möglich, das als hyperbolisch geforderte Profil der Elektroden durch Rundstäbe anzunähern, die sich sehr leicht als Drehteile herstellen lassen.

Um ein "echtes" Quadrupolfeld zu erzeugen, in dessen Mitte tatsächlich ein Nullpotential herrscht, müßten die vier Stäbe jeweils paarweise auf einem Potential gehalten werden, das um Erdpotential herum symmetrisch ist. Allerdings hat bereits Giese [44a] gezeigt, daß die fokussierende Wirkung eines Quadrupolpaares erhalten bleibt, wenn man das Mittenpotential von Null verschieden wählt, d.h. wenn das gesamte optische System dieselbe Polarität gegen Bezugserde besitzt. Dabei wird dem Quadrupolfeld zusätzlich das Feld einer konventionellen elektrostatischen Linse überlagert, so daß sich die fokussierenden und beschleunigenden Eigenschaften der beiden Systeme vereinigen.

Der Betrieb mit in dieser Weise geschalteten Quadrupolen war vor allem aus praktischen Gründen wünschenswert, da auf diese Weise die bestehende Hochspannungsversorgung des Spektrometers weiterhin verwendet werden kann [40]; anderenfalls müßte ein externes Netzteil mit symmetrischem Ausgang verwendet werden (vgl. [41]). Zur Umstellung des Gerätes von der konventionellen Optik auf die Quadrupole ist es jetzt lediglich erforderlich, vier Steckverbinder im Elektronikschrank umzusetzen. Da das MAT 90 in der konventionellen

a) Maße

Bauteil	Radius / mm	Länge / mm
Quadrupol-Stäbe	17.25	25.0
(Gesamt) Halbkreis für Montage	32.25	–
(Gesamt) Einbeschriebener Radius	15.0	–
Abstand Q1 - Ziehblende	–	21.0
Abstand Q1 - Q2	–	25.0
Abstand Q2 - Grundplatte	–	29.0

b) Potentiale

Opt. Element	Potential / V	Offset / V	Qu.-Anteil / V	Anschluß
Beschl.-Spannung	4750	–	–	U_b
Ziehblende	0	–	–	geerdet
Q1, horizontal	3315	2965	+350	Lens
Q1, vertikal	2615	2965	-350	Shield
Q2, horizontal	520	860	-340	XLens
Q2, vertikal	1200	860	+340	YLens

Tabelle 3-1 Dimensionen und Potentiale der Quadrupol-Ionenoptik. Die angegebenen Daten entsprechen der am häufigsten verwendeten Anordnung. – Die Spalte "Offset" in b) bezeichnet die Mittenpotentiale der Quadrupole.

Ionenoptik über vier getrennt ansteuerbare Linsenpaare verfügt, können deren Spannungsversorgungen problemlos verwendet werden, um die vier Stabpaare der Quadrupole zu betreiben (Tabelle 3-1).

Dabei sind die Spannungen an allen Stäben der Quadrupole über weite Bereiche getrennt regelbar. Diese Anordnung hat den zusätzlichen Vorteil, daß es mit ihr möglich ist, eine evtl. mechanische Dejustage durch eine einfache Potentialänderung der Quadrupolstäbe gegeneinander zu korrigieren. Das Prinzip entspricht der in den meisten Sektorfeldgeräten vorhandenen Richtungskorrektur des Ionenstrahls, die dort allerdings keine zusätzliche fokussierende Wirkung besitzt. Hier ist die Quadrupol-Optik eindeutig überlegen.

Die gesamte Software-Steuerung des Spektrometers bleibt erhalten, und für den Benutzer ergibt sich bei der Bedienung des Gerätes praktisch kein Unterschied.

Im Bereich der Ziehblende (vgl. Abb. 2-7, S. 23 und Abb. 2-8, S. 25) wurden verschiedene optische Elemente erprobt, um zu ermitteln, ob sich hier eine höhere Transmission erzielen läßt. Getestet wurden unter anderem verschiedene Durchmesser der Ziehblende (von wenigen mm bis zu mehreren cm), wobei die Ausführung mit 16 mm Innendurchmesser die besten

Ergebnisse brachte. Bei Vergrößerung des Durchmessers wurde keine Steigerung der Signalintensität festgestellt. Da weder positive noch negative Vorspannung dieser Linse eine Verbesserung brachten, wurde ihr Potential auf Erdpotential gesetzt. Erprobt wurden außerdem eine aus einem Drahtgitter bestehende Blende sowie eine aus drei Elementen zusammengesetzte Einzellinse (Innendurchmesser 15 mm, Elemente jeweils 3 mm dick und mit 4 mm Abstand voneinander). In keinem Fall wurde jedoch eine bessere Empfindlichkeit erzielt als mit der einfachen Ziehblende, so daß die nachfolgenden Untersuchungen alle mit dieser Kombination durchgeführt wurden.

3.3 Berechnungen mit SIMION

Die empirisch ermittelten Werte der Quadrupolpotentiale wurden mit einer Rechnersimulation verglichen. Um die Wirkung eines Linsensystems auf ein darin befindliches Ion simulieren zu können, ist die Kenntnis des Potentials an jeder Stelle dieses Systems erforderlich. Dazu wurde das Programm SIMION [49] herangezogen, das 1977 von McGilvery an der Latrobe University entwickelt und seitdem mehrfach modifiziert und erweitert wurde.

SIMION ermöglicht die Simulation und Berechnung von elektrostatischen Linsensystemen. Dazu wird die zu untersuchende Anordnung über die Punkte eines zweidimensionalen Feldes so eingegeben, daß jeder Punkt dieses Arrays entweder zu einer Elektrode gehört oder eine *non-electrode* darstellt. Das Potential der Elektroden wird vom Benutzer vorgegeben. Zur Berechnung des Potentials an jedem Ort innerhalb dieses Feldes löst SIMION die zugrundeliegende Laplace-Gleichung numerisch, wobei ein Relaxationsalgorithmus benutzt wird. Für weitere Einzelheiten sei hier auf das Handbuch [49] verwiesen.

Simulation des Quadrupolfeldes. In Verbindung mit der hier beschriebenen Quadrupol-Optik ergaben sich zwei Probleme:

- Zum einen ist SIMION in den bisher vorliegenden Versionen nicht in der Lage, ein Quadrupolfeld in der xy- bzw. xz-Ebene zu berechnen. Zu diesem Zweck wurde das von Jayaweera, Ramaley und Boerboom entwickelte Programm QREFINE [50] eingesetzt, mit dem diese Darstellung simuliert werden kann.

- Zum anderen ist auch mit der Kombination dieser beiden Programme lediglich die Berechnung eines "klassischen" Quadrupolfeldes möglich, bei dem das Mittenpotential der Quadrupole auf Null liegt. Da im vorliegenden Fall aber mit variabler

Bezugsspannung gearbeitet wurde, mußte ein Weg gefunden werden, um das Mittenpotential in den Berechnungen zu variieren.

Dieses Problem wurde wie folgt gelöst: Wie oben bereits beschrieben wurde, läßt sich ein so geschalteter Quadrupol als eine Überlagerung von einem "reinen" Quadrupolfeld (mit Mittenpotential Null) und einer konventionellen Linse beschreiben. Mathematisch kann diese Überlagerung erreicht werden, indem man beide Felder getrennt berechnet und die gefundenen Potentiale addiert. Dieses Vorgehen ist möglich, da es durch die additiven Eigenschaften der Lösungen der Laplace-Gleichung erlaubt ist, für jede Randbedingung (d. h. für jedes einzelne Potentialarray) getrennte Lösungen zu ermitteln und diese additiv zu überlagern. SIMION benutzt den gleichen Algorithmus für seine *fast adjust*-Option. Um diese Addition durchzuführen, wurde das Programm ADDARRAY von mir geschrieben.

In dem so erhaltenen Potentialarray lassen sich die Trajektorien von beliebigen Ionen unter frei wählbaren Anfangsbedingungen berechnen. SIMION erlaubt die Vorgabe von verschiedenen internen Genauigkeitsniveaus; für die folgenden Betrachtungen wurden alle Arrays mit einem *maximum deviation limit* von $1 \cdot 10^{-5}$ und die Trajektorien mit einem *accuracy level* von 50.00 gerechnet.

Bei der Auswertung dieser Simulationen ist darauf hinzuweisen, daß es sich hier um Näherungsrechnungen handelt. Die im Experiment gemessenen Potentiale unterliegen im Betrieb täglichen Schwankungen, je nach Einstellung des Massenspektrometers, was bei den SIMION-Rechnungen natürlich wieder zu geänderten Trajektorien führt. Gerade im Startbereich der Trajektorien und in der Nähe von abgewinkelten Elektroden geht auch die Rechengenauigkeit des Programms stark ein [49].

Anfangsbedingungen. Ein weiteres Problem bei den Berechnungen war die Festlegung der Bedingungen, unter denen die Ionen in das optische System eintreten. Als Ort für die "Entstehung" der Ionen, d. h. für ihre Startposition in den Rechnungen, wurde die zweite (letzte) Blende im Interface angenommen, da sie auch in der Praxis die kinetische Energie der Ionen fast vollständig definiert [51]; sie liegt auf Beschleunigungsspannung.

Da ein großer Druckunterschied zwischen Atmosphäre bzw. Interface und ionenoptischem Teil des MS besteht, der Teilchenstrahl mit hoher Geschwindigkeit ins Vakuum eintritt und darüber hinaus thermodynamisch "kalt" ist, war nicht eindeutig, welche kinetische Energie die Ionen besitzen, wenn sie in den Bereich der Ionenoptik eintreten. Im Raum zwischen der ersten und zweiten Blende des Interfaces ist der Druck relativ hoch (ca. 0.3 hPa). Durch Stöße werden die Ionen in den Bereich thermischer Energien gebracht, d.h. unter 0.1 eV. Die Energieverteilung der Ionen ist bei kleinen Molekülen breit, kann aber bei großen Molekülen durch

37

die entsprechend häufiger auftretenden Stöße relativ schmal werden. Allgemein geht man daher von thermischen Energien aus [16, 52]. Die durchgeführten Rechnungen mit SIMION ergaben, daß die Fokussiereigenschaften der Optik bei Anfangsenergien zwischen 0.1 und etwa 1 eV nur schwach variieren; bei wesentlich höheren Werten ändert sich der Verlauf der Trajektorien merklich. Um die Wirkung der Optik abschätzen zu können, wurden die hier gezeigten Abbildungen mit einer vergleichsweise hohen kinetischen Anfangsenergie von 1.0 eV gerechnet.

Ergebnisse. Einige der so erhaltenen Ergebnisse sind in Abb. 3-2 (*xz*-Ebene, vertikal) und Abb. 3-3 (*xy*-Ebene, horizontal) wiedergegeben. Die gerasterten Bereiche stellen die Elektroden dar. Links sind die beiden Interface-Platten mit den Blenden angeordnet, nach rechts hin folgen die Ziehblende und die beiden Quadrupole (vgl. auch Abb. 2-8). Rechts außen liegt die Grundplatte mit der Halterung für die erste Kollisionszelle, hinter der sich der Eintrittsspalt zum Analysatorteil befindet. Die Linien, die von links nach rechts durch das Bild laufen, sind die Trajektorien der Ionen; quer dazu verlaufen die Äquipotentiallinien der elektrischen Felder.

In beiden Abbildungen jeweils oben dargestellt ist die Winkelabhängigkeit der Fokussierung, d.h. die Abbildung von Ionen, die mit unterschiedlichen Startwinkeln in das optische System eintreten. Ebenso wie bei der Ortsabbildung (jeweils unten) ist zu erkennen, daß die in der Praxis beobachtete Wirkung der Quadrupoloptik durch die Berechnungen bekräftigt wird: In der Vertikalen zieht der erste Quadrupol das Ionenbündel auseinander, und der zweite schwächt die dadurch erzeugte Divergenz ab. In der horizontalen Ebene werden die Trajektorien zu einem schmalen Bündel fokussiert.

Die Trajektorien in der *xz*-Ebene (Abb. 3-2) verlaufen nicht exakt parallel, sondern sind leicht konvergent; der Konvergenzwinkel am Eintrittsspalt liegt je nach Anfangswinkel und -ort bei maximal 0.5° zur Längsachse der Ionenoptik. Damit bildet sich ein Fokuspunkt aus, der im Innern des Analysators liegt. Falls er auf der Mitte zwischen Eintritts- und Austrittsblende liegt, ist die Größe des Bildes (auf dem Austrittsspalt) exakt gleich der des Objektes (auf dem Eintrittsspalt), so daß dies keine Probleme aufwirft.

In der *xy*-Ebene erfolgt die gewünschte Fokussierung auf den Eintrittsspalt. Hier zeigt sich besonders deutlich, daß bei den Ionen, deren Trajektorien am weitesten von der optischen Achse entfernt verlaufen, eine stärkere Ablenkung zur Mitte hin erfolgt als bei den weiter innen liegenden. Dies ist auf das oben erwähnte Ansteigen der Feldstärke mit der Entfernung von der optischen Achse zurückzuführen, so daß die Ionen innerhalb einer "Potentialrinne" gehalten werden, und bestätigt die Fokussierung und Zentrierung des Ionenstrahles.

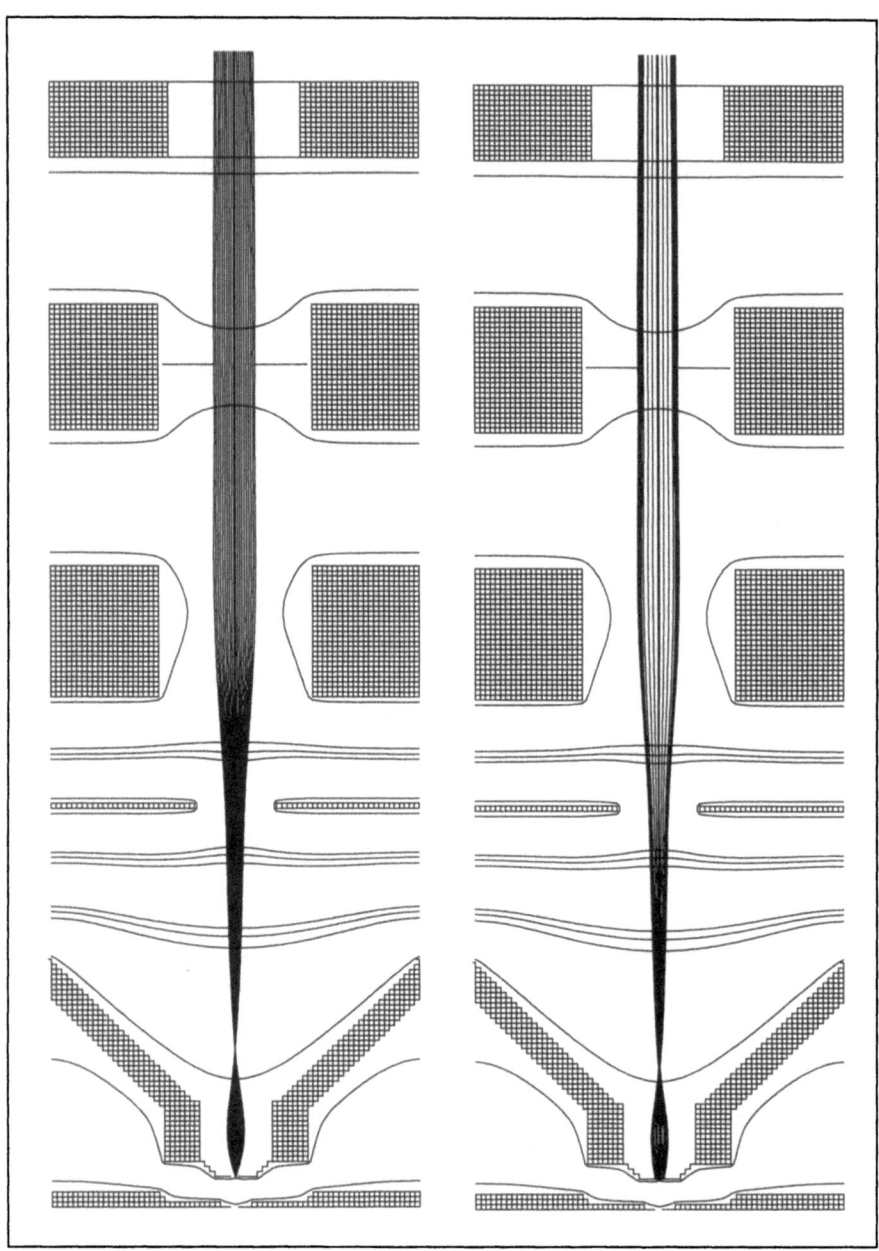

Abb. 3-2 *SIMION-Berechnungen für je 10 Trajektorien in der xz-Ebene (vertikal). Oben ist die Winkelabhängigkeit, unten die Ortsabbildung gezeigt (die Abbildung ist um 90° zu drehen).*

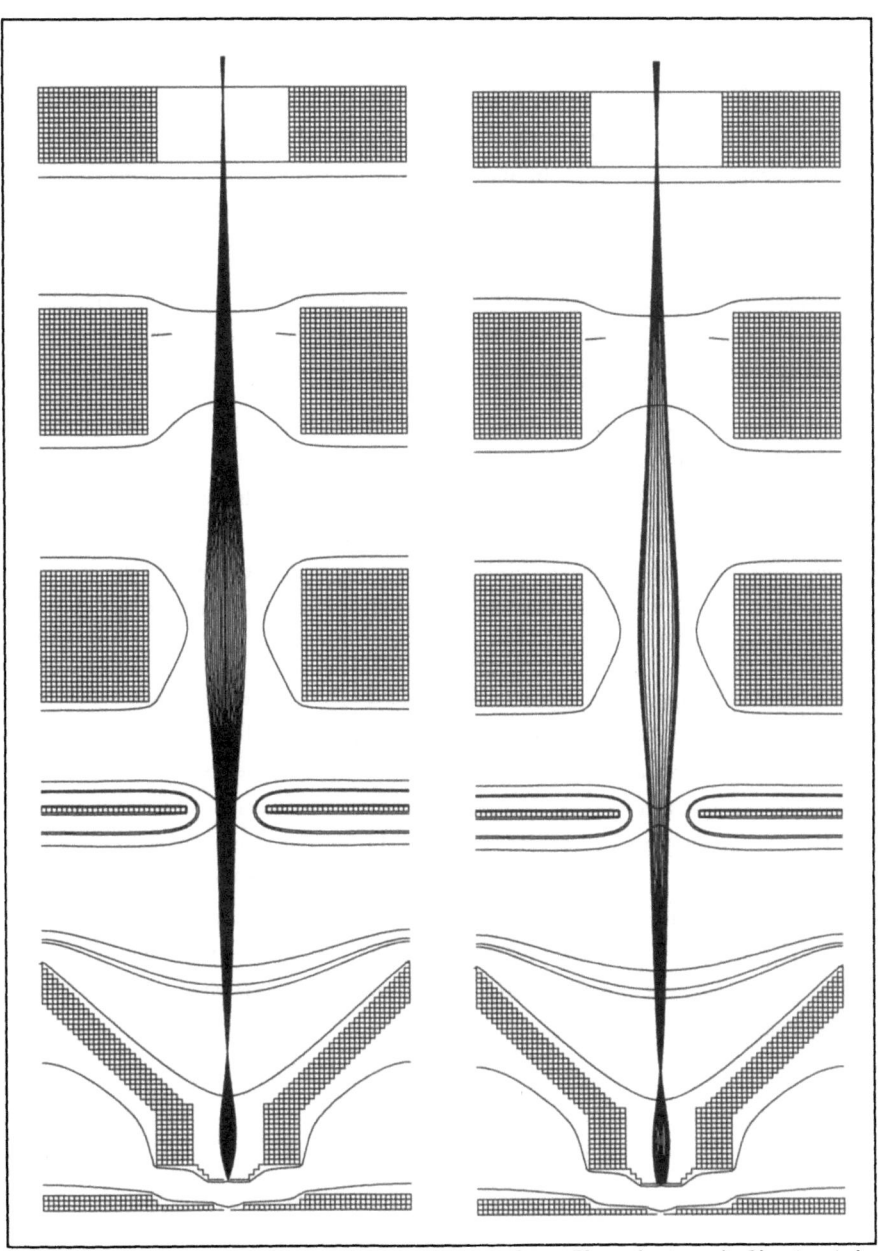

Abb. 3-3 SIMION-Berechnungen für je 10 Trajektorien in der xy-Ebene (horizontal). Oben ist wieder die Winkelabhängigkeit, unten die Ortsabbildung gezeigt. Vgl. Abb. 3-2.

Dazu kommt, daß in allen berechneten Fällen bereits eine Fokussierung in einen *crossover*-Punkt unmittelbar hinter dem zweiten Skimmer erreicht wird (vgl. Abbildungen), was auf den zylindrischen Aufbau in diesem Bereich zurückzuführen ist. Das Auftreten dieses zusätzlichen Brennpunktes kann eine Erklärung dafür sein, daß auch mit weiteren Linsenelementen – wie auf S. 34 beschrieben – keine höhere Signalintensität zu erhalten war. Ein ähnlicher Effekt tritt auch im *sampling cone* unserer Thermospray-Ionenquelle auf [41] und führte zu einer vergleichbar einfach aufgebauten Ionenoptik.

Das System liefert in der hier vorgestellten Ausführung eine hohe Transmission. Wie geplant, verlaufen die Trajektorien der Ionen in allen Fällen weit von den Elektroden entfernt. Dadurch wird sichergestellt, daß die Gefahr einer Kontamination sehr gering ist.

In diesem Zusammenhang wird das Problem von Raumladungen im Bereich der Ionenoptik diskutiert [53]. SIMION liefert lediglich Berechnungen von isolierten Ionen, die auf ihrem Flug keine benachbarten Teilchen spüren. Tatsächlich werden jedoch zahlreiche Ionen gleichzeitig die Ionenoptik passieren, die sich durch ihre Ladung gegenseitig beeinflussen können. Eine Simulation dieser Raumladung würde definierte Angaben über die Zahl der Ionen pro Volumeneinheit, die räumliche Ausdehnung etc. erfordern, so daß sich dies in der Praxis als schwierig erweist.

Ob diese Effekte allerdings so groß sind, daß sie auf die Trajektorien der Ionen bedeutenden Einfluß haben, erscheint mir angesichts der gemessenen Ströme fraglich: Wie später (Kap. 5.2) gezeigt wird, treffen normalerweise Ströme von etwa 200 nA auf die erste Blende auf. Durch die zweite Blende und damit in den Bereich der Ionenoptik gelangen unter 0.5 % davon, was einem Ionenstrom von weniger als 1 nA entspricht. Im Vergleich mit konventionellen Elektronenstoß-Ionenquellen oder gar ICP/MS-Interfaces [53] liegt dieser Wert um Zehnerpotenzen niedriger, so daß im vorliegenden Fall keine Störungen durch Raumladungen auftreten sollten. Dies wird auch dadurch unterstützt, daß die in den Berechnungen verwendeten Spannungen plausible Ergebnisse liefern und mit den am Gerät gemessenen Werten bis auf wenige zehn Volt übereinstimmen.

3.4 Zusammenfassung Ionenoptik

Die Quadrupol-Ionenoptik erwies sich für die Atmosphärendruck-Ionenquelle unseres Sektorfeld-Massenspektrometers als sehr gut geeignet. Die hohe Akzeptanz und die starke Fokussierung des Quadrupolfeldes bewirken eine hohe Transmission im Bereich der Ionenoptik. Obwohl die Quadrupole gleichzeitig die Beschleunigung, Fokussierung und Zentrierung des Ionenstrahls übernehmen, ist die für das Analysatorsystem erforderliche Strahlformung einfach einzustellen.

Die Anordnung läßt sich problemlos mit den vorhandenen Spannungsversorgungen des Spektrometers betreiben und in die Steuerung des Gerätes integrieren. Die rechnergesteuerte Kontrolle aller Funktionen wird nicht beeinträchtigt.

Der Aufbau ist nicht anfällig gegenüber Verschmutzung. Bis zum Abschluß der vorliegenden Arbeit war es nicht erforderlich, die Einzelteile zu reinigen; die Ionenoptik wurde lediglich zur Erprobung anderer Abstände etc. zerlegt.

4 Interface-Entwicklung

4.1 Allgemeines. Erforderliche Drücke

Die wesentliche Aufgabe eines Interfaces zum Einsatz der Atmosphärendruck-Ionisation an einem Massenspektrometer besteht in der Trennung von Analytionen und neutralen Gasteilchen. Es soll dafür sorgen, daß soviele Ionen wie möglich und nur sowenig Gaslast wie nötig in das Spektrometer gelangen können [54]. Im Verlauf dieser Arbeit wurden zwei verschiedene Interface-Konstruktionen entwickelt und erprobt, die in den folgenden Abschnitten erläutert werden.

Bruins hat gezeigt, daß die erzielbare Empfindlichkeit bei einem Massenspektrometer mit Atmosphärendruck-Ionenquelle ungefähr proportional zum Gasdurchsatz ist [54]. Generell erlaubt die Verwendung von großen Skimmern bzw. Blenden einen hohen Gasdurchsatz. Problematisch ist dabei, daß mit Vergrößerung der Bohrung der Druck im Massenspektrometer entsprechend steigt.

Um einen möglichst verlustfreien Transport der Ionen von der Ionenquelle zum Detektor zu erreichen, muß das Vakuum im Spektrometer so gut sein, daß die mittlere freie Weglänge der Ionen in der Größenordnung der Flugstrecke des Gerätes liegt. Nach der klassischen Stoßtheorie (z.B. [55a]) ist dies für Stickstoff bei Raumtemperatur an einen Sektorfeld-Massenspektrometer unterhalb von etwa 10^{-5} hPa erreicht. Bei größeren Molekülen sinkt die freie Weglänge mit steigendem Querschnitt überproportional ab; einige Beispiele dazu sind in Tabelle 4-1 aufgeführt. So wäre für das Protein Cytochrom c in einer Stickstoff-Restgasatmosphäre ein Druck von rund 10^{-8} hPa erforderlich, um die freie Weglänge in der Größenordnung des Spektrometers zu halten. Ein derartiges Vakuum läßt sich beim Betrieb einer Atmosphärendruck-Ionenquelle bestenfalls im Analysatorsystem erreichen; für den Quellenkopf sind dagegen Arbeitsdrücke von $2 \ldots 5 \cdot 10^{-5}$ hPa die Regel (vgl. Tabelle 4-2, S. 58). Dies bedeutet bei Stickstoff noch keine nennenswerten Transmissionsverluste, während die erzielbare Signalintensität bei Peptiden bereits deutlich abfällt. Die Abschwächung ist auf intermolekulare Stöße zurückzuführen, die Energieverluste, Streuung und Fragmentierung der Ionen zur Folge haben. Abb. 4-1 zeigt dies am Beispiel des Gramicidin S, wobei der Druck von $8 \cdot 10^{-5}$ auf $2 \cdot 10^{-4}$ hPa erhöht wurde.

Das Ausmaß der Abschwächung hängt auch von der Baulänge des Gehäuses ab; im vorliegenden Fall ist diese Region etwa 25 cm lang, da die Ionen durch den gesamten Analysatorkopf beschleunigt werden. Man kann einen Zusammenhang ähnlich dem Lambert-Beerschen Gesetz annehmen, d.h. die Verluste sind über eine Exponentialfunktion proportional zum Druck und zur Länge dieser Zone. Quadrupol-Massenspektrometer besitzen hier den Vorteil, daß ihre

Substanz	Molmasse g mol^{-1}	Stoßquerschnitt nm^2	Mittl. Geschw. m s^{-1}	Druck hPa	Mittl. freie Weglänge
Stickstoff	28	0.43 [55]	475	1	68 µm
				10^{-1}	0.68 mm
				10^{-5}	6.8 m
Molitin	2699	~9	48	1	460 nm
				10^{-1}	4.6 µm
				10^{-5}	46 mm
Cytochrom c	12360.9	~30	23	1	66 nm
				10^{-1}	660 nm
				10^{-5}	6.6 mm

Tabelle 4-1 *Stoßquerschnitte und mittlere freie Weglängen für verschiedene Moleküle in Stickstoff bei 298 K. Die Berechnung erfolgte nach [55a], die Daten für die Proteine sind aus [52] gemittelt.*

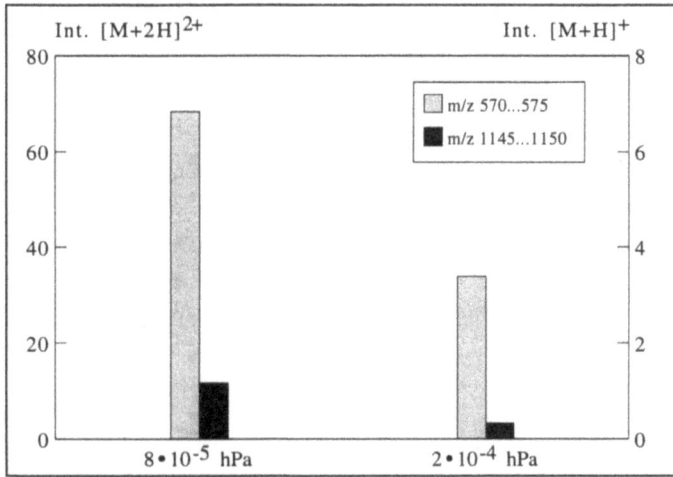

Abb. 4-1 *Druckabhängigkeit des Signals von Gramicidin S am einstufigen Interface. 20 pmol µl^{-1}, 2.7 µl min^{-1}, 10 scans. Einstellung des Drucks über den Referenzeinlaß.*

Abmessungen im allgemeinen deutlich kleiner sind als bei Sektorfeldgeräten; daher können sie bei einem Druck betrieben werden, der etwa eine halbe Größenordnung schlechter ist.

Bestimmungen der Stoßquerschnitte von Proteinionen wurden erstmals von Covey und Douglas unter Verwendung von Elektrospray durchgeführt [52]. Sie fanden für Proteine von 2...66 kDa Querschnitte von 10...150 nm^2 [52]; kleinere Moleküle weisen um 1 nm^2 auf [55a]. Bemerkenswert ist, daß die gemessenen Werte nicht nur von der Substanz selbst, sondern auch vom Lösungsmittel und vom Ladungszustand der Ionen abhingen: Der Stoßquerschnitt steigt mit zunehmender Ladung an. Dies ist ein Hinweis darauf, daß sich die hochgeladenen Proteinionen durch Coulombkräfte "auseinanderfalten". Wie auch Smith angeführt hat [56], ist es daher höchst spekulativ, anzunehmen, daß die Struktur eines Proteins *in Lösung* identisch sei mit der Struktur des mehrfach geladenen Ions *in der Gasphase*.

Douglas und French stellten an einem Quadrupol-Massenspektrometer fest, daß sich die Transmission erhöhen läßt, wenn man im Bereich schlechten Druckes einen *RF-only*-Quadrupol als Fokussiereinrichtung einsetzt [57]. Die Autoren beobachteten, daß die Ionentransmission in einer solchen Stufe *mit dem Druck* bis ~ 10^{-2} hPa *anstieg*. Dies steht im direkten Gegensatz [57] zur klassischen Stoßtheorie, weist aber Ähnlichkeit mit dem *collisional damping* in der Ion Trap [58] auf. Eine Anordnung, bei der ein Octapol in dieser Stufe eingesetzt wird, ist seit einiger Zeit kommerziell erhältlich [39].

Aus diesen Beobachtungen folgt, daß an einen Sektorfeldgerät der Druck in der Beschleunigungsregion und im Analysatorsystem so niedrig wie möglich gehalten werden muß.

4.2 Konstruktion der Entladungskette

Eines der Probleme, die bei der Kopplung von Atmosphärendruck-Ionenquellen mit Sektorfeld-Massenspektrometern eine Rolle spielen, ist das Auftreten von Gasentladungen. Da die Zerstäubung der Flüssigkeit und die Bildung der Ionen bei Atmosphärendruck erfolgen, benötigt man zur Überführung ins Feinvakuum des Massenspektrometers zusätzliche Pumpen, die den Hauptteil der auftretenden Gaslast vom Gerät fernhalten. Diese Pumpen liegen normalerweise auf Erdpotential, während die Vakuumleitungen konstruktionsbedingt in den Hochspannungsbereich des Interfaces führen.

Durch diese hohen Spannungen treten gelegentlich freie Elektronen auf, die in den elektrischen Feldern beschleunigt werden. Treffen schnelle Elektronen auf neutrale Gasmoleküle, so können diese dabei ionisiert werden und ihrerseits weitere Elektronen freisetzen. Dieser Vorgang bereitet technisch keine Probleme, solange die meisten freien Ladungsträger entweder Wandstöße erleiden oder nach kurzer Strecke wieder von anderen Stoßpartnern eingefangen werden, d.h. solange der Druck hoch genug ist. Liegt der Druck aber im Bereich von etwa 1…100 Pa, so kommt es zu einer Kettenreaktion, bei der die Zahl der Ladungsträger und damit auch der transportierte Strom lawinenartig ansteigen. In diesem Fall wird ein Plasma zwischen dem Hochspannungsteil und den Pumpen gezündet, das in normaler Umgebungsluft bzw. Stickstoff als violettes Leuchten zu erkennen ist. Dabei kann es zu Betriebsstörungen und zur Beschädigung von Bauteilen kommen.

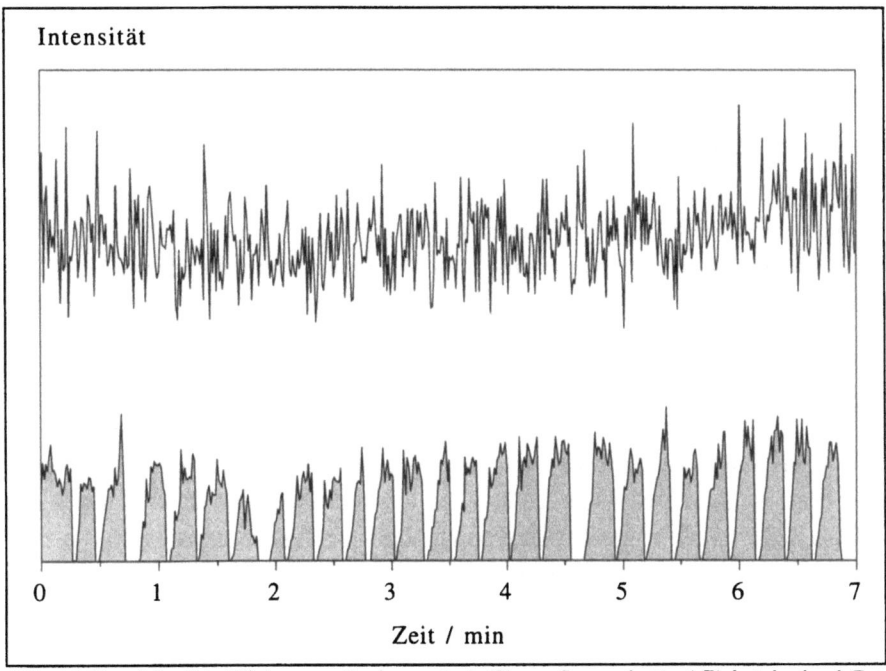

Abb. 4-2 *Signal des [M+H]⁺-Ions von Erythromycin A. (Untere Spur, schattiert) Einbrüche durch Entladungen, (obere Spur) mit Entladungskette, sonst identische Bedingungen.*

Unter bestimmten Bedingungen treten diese Entladungen sporadisch auf, unterdrücken dabei aber − durch das für kurze Zeit im Interface gezündete Plasma − das Nutzsignal vollständig. Geschieht das während der Aufnahme von Massenspektren, so führt dies zu "Aussetzern" im Spektrum. Abb. 4-2 zeigt diese Schwankungen anhand des protonierten Molekülions von Erythromycin A. Man erkennt in der unteren (schattierten) Massenspur die regelmäßig wiederkehrenden Einbrüche, die durch Entladungen hervorgerufen werden.

Um diese Entladungen zu unterdrücken, bestehen mehrere Möglichkeiten [59]:

- *Die Teilchendichte muß so gering sein, daß die hoch beschleunigten freien Ladungsträger nicht genügend Stoßpartner finden, um ein Plasma zu zünden.*

Dieser Ansatz ist sicherlich der eleganteste. Er setzt einen sehr geringen Druck im Interface voraus, was wiederum zur Vermeidung von kollisionsinduzierter Fragmentierung beiträgt (Kap. 6.3). Technisch ergibt sich jedoch das Problem, daß der erforderliche Druck unter etwa 1 Pa liegt, was mit einer Drehschieberpumpe und dem zunächst eingesetzten einstufigen Interface nicht realisierbar war. In der zweistufigen Ausführung wurde dies später verwirklicht, wobei eine Turbomolekularpumpe in der zweiten Pumpstufe die entscheidende Verminderung des Druckes bewirkte.

- *Die Ladungsträger dürfen bis zum Stoß mit einem Neutralteilchen nicht genug Energie aufnehmen, um eine Ionisation zu bewirken.*

Diese Variante läßt sich auf mehrere Arten erreichen. Man kann beispielsweise den Druck in der Pumpleitung kontrolliert verschlechtern, so daß die gebildeten Ionen zwischen zwei Stößen nicht mehr genug kinetische Energie aufnehmen können, um Gasmoleküle zu ionisieren. Dies entspricht einer Reduzierung in den Bereich thermischer Energien. Andererseits ist es jedoch zur Vermeidung von unkontrollierten Stößen erforderlich, den Druck im Interface so niedrig wie möglich zu halten. Daher kam diese künstliche Verschlechterung der Arbeitsbedingungen nicht in Frage.

Eine weitere Möglichkeit besteht darin, jeglichen Potentialgradienten entlang der Pumpleitung zu vermeiden. In der Praxis bedeutet dies, daß die Vakuumpumpen auf Beschleunigungsspannung gelegt werden müssen. Dies erfordert in jedem Fall einen hohen technischen Aufwand; die Antriebsmotoren der Pumpen müssen entweder galvanisch vom Pumpenraum getrennt oder über Trenntransformatoren betrieben werden. Abgesehen von den Kosten ergeben sich erhebliche Sicherheitsbedenken, da alle betroffenen Pumpen berührungssicher aufgestellt werden müssen. Diese Möglichkeit wurde daher verworfen.

Stattdessen wurde eine Entladungskette eingesetzt. Das Prinzip besteht darin, entlang der Pumpleitung einen definierten Potentialgradienten aufzubauen, so daß vorhandene freie Elektronen eine festgelegte Maximalenergie erhalten, die bei entsprechender Wahl der Weglänge nicht mehr zur Ionisation ausreicht. Dazu wird innerhalb der Vakuumleitung eine Reihenschaltung von Widerständen von der Ionenquelle bis zur Vakuumpumpe gelegt, die auf der Seite der Ionenquelle an Beschleunigungsspannung und an den Pumpen auf Massepotential liegt. Dabei fließt ständig ein Strom von einigen Mikroampere. Die entstehende Spannung fällt nach dem Ohmschen Gesetz entlang dieser Kette gleichmäßig ab, so daß man innerhalb des Schlauches einen definierten Potentialgradienten erzeugt, mit dem sich die Energie der die Entladung auslösenden Elektronen begrenzen läßt.

Für den vorliegenden Fall, rund 5 kV Beschleunigungsspannung bei einem Arbeitsdruck von etwa 10 Pa, erwies sich die in Abb. 4-3 skizzierte Anordnung als geeignet. Sie besteht aus einem Kunststoffschlauch von etwa 2 m Länge und 45 mm Innendurchmesser, in den eine Widerstandskette eingezogen wurde. Diese Widerstände (1.0 und 1.2 MΩ, handelsübliche Metallfilm-Ausführung, 0.25 W) wurden paarweise zusammengelötet, zur mechanischen Stabilisierung in einen etwa 10 cm langen PVC-Schlauch mit 3 mm Innendurchmesser geschoben

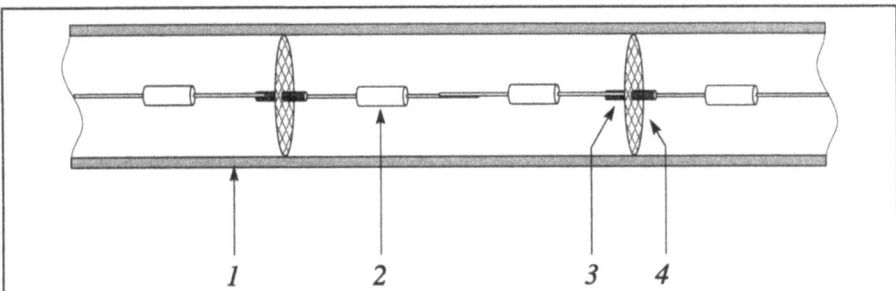

Abb. 4-3 *Aufbau der Entladungskette. - 1 Vakuumschlauch aus Kunststoff, 2 Widerstand 1.0 bzw. 1.2 MΩ, 3 Gewindestange M3, 4 Drahtnetz. Die zusätzliche PVC-Ummantelung der Widerstände ist nicht eingezeichnet.*

und an den Drahtenden durch Eindrehen von Gewindestangen (M3, 40 mm lang) in diesen Schlauch kontaktiert. Um das Potential auf den gesamten Querschnitt der Pumpleitung auszudehnen, wurden Lochbleche aus einem handelsüblichen Aluminium-Küchensieb ausgestanzt und auf die Gewindestangen geschoben.

Insgesamt wurden auf 2 m Länge 21 Gitter verwendet. Der Gesamtwiderstand der Anordnung lag bei 44 MΩ, so daß im Betrieb ein Strom von rund 0.1 mA floß, der von der Hochspannungsversorgung des Spektrometers problemlos geliefert wurde.

Die beschriebene Ausführung konnte bei nahezu allen vorkommenden Drücken und bis zur vollen Beschleunigungsspannung von 5 kV betrieben werden, was einem durchschnittlichen Spannungsabfall von etwa 25 V cm^{-1} entspricht. Die obere Spur in Abb. 4-2 zeigt die Stabilität des Signals nach Einbau der Entladungskette; beide Meßreihen wurden unter ansonsten unveränderten Bedingungen kurz hintereinander aufgezeichnet. Es sind keine Einbrüche mehr festzustellen, was die Wirksamkeit dieses Bauteils bestätigt.

Man könnte annehmen, daß die Verwendung der zahlreichen Netze eine Herabsetzung der Pumpleistung zur Folge hätte. Dies ist nicht der Fall; experimentell wurde gefunden, daß bei der verwendeten Anordnung der Druck in der Interface-Region nur geringfügig höher war als unmittelbar an der Pumpe (0.8 gegenüber 0.6 hPa), so daß keine wesentliche Verschlechterung des Vakuums eintrat. Offensichtlich stellt sich unter den vorliegenden Bedingungen ein quasistationärer Zustand zwischen der einströmenden und der abgepumpten Gasmenge ein.

Die Anordnung erwies sich durch die elastische Konstruktion als robust. Um eine ausreichende mechanische Festigkeit für die Montage zu erzielen, sollten die Gewindestangen nicht kürzer als 30...40 mm sein. Die Lötstellen müssen sorgfältig ausgeführt werden, da im Betrieb Vibrationen von den Vorvakuumpumpen ausgehen. Versuche mit durchgehend gelöteten Widerstandsketten und Drahtringen brachten nicht die erforderliche Betriebssicherheit, da sie bei mechanischer Belastung, wie Verschieben oder Biegen des Schlauches, leicht brechen.

Kürzere Schläuche, die die Pumpleistung verbessern würden, können nicht verwendet werden, da die Feldstärke zu hoch wird; bei 1 m Länge traten noch Entladungen auf. Außerdem darf das Material des Vakuumschlauches keinerlei Metalleinlage zur Verstärkung enthalten. Mit solchen Schläuchen war es nicht möglich, einen stabilen Betriebszustand zu erreichen, da ständig Entladungen gezündet wurden. Eine ähnliche Beobachtung wurde bereits 1971 von Futrell und Wojcik berichtet [60]. Die Autoren vermuteten, daß zwischen den einzelnen Stufen der Entladungskette schnelle Änderungen der räumlichen Ladungsverteilung auftreten. Durch induktive oder kapazitive Kopplung über die metallische Ummantelung wird ein Feld erzeugt, das die Zündung eines Plasmas begünstigt.

4.3 Einstufiges Interface

Das Funktionsprinzip des ersten Interfaces ist in Abb. 4-4 vereinfacht dargestellt. Der mechanische Aufbau ist auf den Seiten 16 und 17 gezeigt.

Bei dieser Anordnung werden die unter Atmosphärendruck gebildeten Ionen durch eine Kombination aus zwei Skimmern ins Spektrometer überführt. Zwischen den Skimmern wird gepumpt; sie haben dabei, ähnlich wie in der Molekularstrahltechnik, gleichzeitig die Funktion von Druckreduktion und Strahlformung (z. B. [61]). Ein Gasvorhang aus warmem Stickstoff dient dazu, das im Elektrospray erzeugte Aerosol zu trocknen und das Interface vor Luftfeuchtigkeit zu schützen [23b].

Die erste Blende bildet den Abschluß gegen die Atmosphäre, so daß sie einen Teil des Ionenquellen-Gehäuses (Analysatorkopf) darstellt. Da bei einem Sektorfeld-Massenspektrometer beide Blenden auf Potentialen in der Nähe der Beschleunigungsspannung liegen, ist es erforderlich, diese Bauelemente vom Gehäuse des Massenspektrometers zu isolieren, um einen Kurzschluß gegen Masse zu vermeiden. Neben einer hohen Isolation muß das verwendete Material wärme- und formbeständig bis mindestens 150°C sein, um die Trocknung des feuchten Aerosols mit heißen Stickstoff zu ermöglichen. Die Formbeständigkeit ist wichtig, da die beiden Skimmer genau auf einer Achse angeordnet sein müssen; eine Verschiebung um wenige Zehntel Millimeter kann die Ionentransmission um mehrere Größenordnungen herabsetzen.

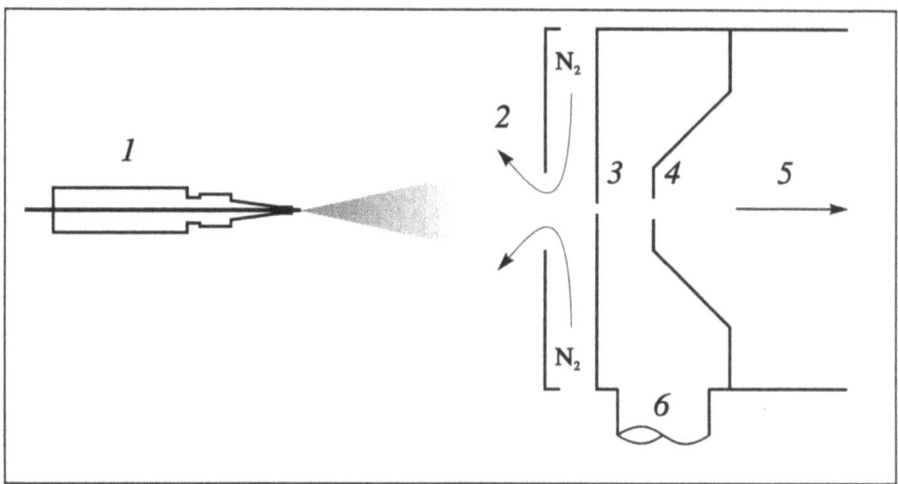

Abb. 4-4 Schema des einstufigen Interfaces. 1 Sprayer, 2 Desolvatisierung durch Stickstoffvorhang, 3 äußere und 4 innere Blende, 5 zur Ionenoptik und zum Analysatorsystem, 6 zur Drehschieberpumpe.

Daher kommt als Material nur ein Kunststoff in Frage. Hier wurde Makrolon gewählt, ein glasklares Polycarbonat. Dieses Material erfüllt alle genannten Anforderungen. Im bearbeiteten Zustand sind Makrolon-Oberflächen durchscheinend, so daß evtl. Verunreinigungen, Gasentladungen usw. erkennbar sind. Das Material ist nicht sehr chemikalienbeständig – so löst Aceton Makrolon an –, allerdings spielt das bei Elektrospray-Ionisation keine Rolle, da das Laufmittel normalerweise nicht in flüssiger Form mit dem Kunststoff in Berührung kommt. Darüber hinaus ist Makrolon mechanisch gut zu bearbeiten und leicht erhältlich.

4.4 Skimmersystem

Wenn das an der Atmosphäre vorhandene Gasgemisch durch die erste Blende in das an Vorvakuum angeschlossene Interface eintritt, bildet sich ein expandierender Gasstrahl. Eine Skimmer-Kombination in diesem Bereich hat die Aufgabe, einen möglichst großen Teil der Gaslast zu entfernen und gleichzeitig die schwereren Analytmoleküle im Zentrum des Gasstrahls anzureichern. Ein wesentlicher Punkt bei der Interface-Entwicklung war die Ermittlung einer für diesen Zweck geeigneten Anordnung.

Die im folgenden beschriebenen Messungen wurden unmittelbar am Massenspektrometer vorgenommen. Die Strommessung auf der ersten Blende erfolgte mit einem Nanoamperemeter (Eigenbau), das wegen Batteriebetriebs problemlos auf Beschleunigungsspannung gelegt werden konnte. Zusätzlich wurde der Ionenstrom unmittelbar hinter dem Eintrittsspalt gemessen. Zu diesem Zweck verfügt das hier verwendete Spektrometer über eine Auffängerplatte, die auf dem Trennventil zwischen Analysatorkopf und Analysator eingebaut ist. Bei geschlossenem Trennventil konnte der Strom auf diesem sog. Totalionenstrom-(TI)-Monitor gemessen werden. Dazu wurde ein im Hause entwickeltes Meßgerät mit einem Strommeßbereich bis unter 1 pA verwendet.

Der zunächst im einstufigen Interface verwendete Aufbau bestand aus zwei konisch geformten Bauteilen, deren Anordnung in Abb. 4-5a (S. 54) skizziert ist. Mit eingeschaltetem Zerstäuber ließen sich hier bereits bei abgeschalteter Beschleunigungsspannung Ströme um 25 pA auf dem TI-Monitor messen. Der genaue Wert hing stark von der räumlichen Position des Sprayers gegenüber der ersten Blende ab, was darauf hinweist, daß die "Probenahme" aus der Atmosphäre nicht homogen erfolgte und von aerodynamischen Einflüssen abhing. Bei eingeschalteter Beschleunigungsspannung und damit wirksamer Ionenoptik wurden in einigen Fällen Ströme bis zu 500 pA gemessen. Die Ladungsträger ließen sich mit der Ionenoptik auf den TI-Monitor fokussieren; sie konnten beispielsweise durch entsprechende Änderung der Potentiale an den horizontalen Quadrupolstäben über den Eintrittsspalt "geschwenkt" werden.

Es war jedoch nicht möglich, diese geladenen Teilchen durch das Analysatorsystem auf den Detektor zu fokussieren. Um dieses Phänomen zu klären, wurden mehrere Anordnungen und Parametersätze untersucht. Auch bei Verwendung von verschieden geformten Konen sowie Variation des Abstandes zwischen den Skimmern (von 2 bis zu 10 mm) waren keine reproduzierbaren Daten zu erhalten.

Eine mögliche Erklärung dafür wäre eine Clusterbildung, die durch eine adiabatische Expansion der einströmenden Gase auftreten kann. Durch die Verwendung des Gasvorhanges aus Stickstoff wird dies weitgehend vermieden, da Stickstoff nicht zur Aggregation neigt [54].

Um zu klären, ob es sich um einen Corona-Effekt oder ähnliches handelt, wurde während der laufenden Messung die Substanzzufuhr zum Sprayer abgestellt. Bei einer Entladungserscheinung müßte unter diesen Umständen weiterhin ein Stromfluß auf dem TI-Monitor registrierbar sein. Der gemessene Strom ging auf Null zurück, so daß es sich um geladene Teilchen handeln mußte, die tatsächlich beim Elektrospray-Prozeß entstehen. Aus welchen Gründen diese Ionen die Voraussetzungen zum Durchlaufen des Analysators nicht erfüllen, konnte jedoch bis zum Abschluß der vorliegenden Arbeit nicht geklärt werden.

Die Beobachtung, daß man einen Strom am Auffänger registrieren kann, ohne dabei massenspektrometrisch auswertbare Signale zu erhalten, weist darauf hin, daß Ergebnisse aus ähnlichen Optimierungsversuchen, wie sie in Vakuumrezipienten durchgeführt werden, mit Vorsicht zu betrachten sind. Verläßt man sich lediglich auf die Messung eines einzelnen Parameters – beispielsweise eine Strommessung auf einer Auffängerelektrode, was hier der TI-Blende entspricht –, so bedeutet ein hoher Strom noch nicht, daß auch viele detektierbare Ionen vorliegen. Wie die beschriebenen Erfahrungen zeigen, ist zumindest die Verwendung einer zweiten Meßmethode bei derartigen Entwicklungsarbeiten unabdingbar. Im vorliegenden Fall war ein massenselektiver Detektor – das Analysatorsystem des Spektrometers – vorhanden, mit dem geprüft werden konnte, ob es sich um tatsächlich "meßbare" Ionen handelt.

Nachdem mit der vorliegenden Anordnung keine auswertbaren Massenspektren zu erhalten waren, mußte geklärt werden, ob es sich um ein Problem der Interface-Konstruktion an sich oder um ein spezifisches Problem der Kopplung an ein Sektorfeldgerät handelte. Daher wurde das Elektrospray-Interface an einem ebenfalls mit einer Atmosphärendruck-Ionenquelle ausgestatteten ICP/MS-Quadrupolmassenspektrometer im Hause getestet. Diese Experimente lieferten ebenfalls negative Ergebnisse. Demnach war das Problem unabhängig von der Bauart des Massenspektrometers und mußte am Interface selbst zu finden sein.

Im Laufe eingehender Untersuchungen stellte sich heraus, daß die Intensitätsprobleme vorwiegend auf die Verwendung der *konischen* Skimmer zurückzuführen waren. Das Interface wurde daher gemäß dem in Abb. 4-5b skizzierten Aufbau geändert, bei dem die konischen Bauteile durch flache Blenden ersetzt wurden. Die Verwendung dieser Blenden erwies sich als essentielle Modifikation: Mit dem so geänderten Interface konnten auf Anhieb reproduzierbare Elektrospray-Massenspektren gemessen werden, sowohl am Quadrupol- als auch am Sektorfeldgerät.

Im Zuge der weiteren Entwicklungsarbeiten, auch an der später beschriebenen zweistufigen Ausführung des Interfaces (Abschn. 4.7), wurde dennoch versucht, die konisch geformten Bauteile im Interface einzusetzen. Es war möglich, eine stark abgeflachte Ausführung der ersten Blende zusammen mit einer flachen zweiten Blende zu verwenden (Abb. 4-5c). Die Benutzung eines konischen zweiten Skimmers erwies sich in jedem Falle als erfolglos.

Diese Beobachtungen decken sich mit denen von Hiraoka, der an einem Quadrupol-Massenspektrometer einen konischen Skimmer mit 62° Öffnungswinkel verwendet hatte [62]. Er stellte fest, daß ein Teil der geladenen Tröpfchen auf der Innenseite des zweiten Konus abgelagert wurde. Seine Vermutung war, daß im Konus eine konvexe Äquipotentialfläche vorliegt, die die Ionen defokussiert [62]. Dies steht allerdings im Gegensatz zu seinen experimentellen Beobachtungen: Er beschrieb, daß bei einer Potentialdifferenz von etwa 500 V zwischen den Blenden ein, wenn auch geringer, Ionenstrom meßbar war. Gerade diese Bedingungen müßten aber zu einem erheblichen Felddurchgriff in den zweiten Skimmer führen, was erst recht eine

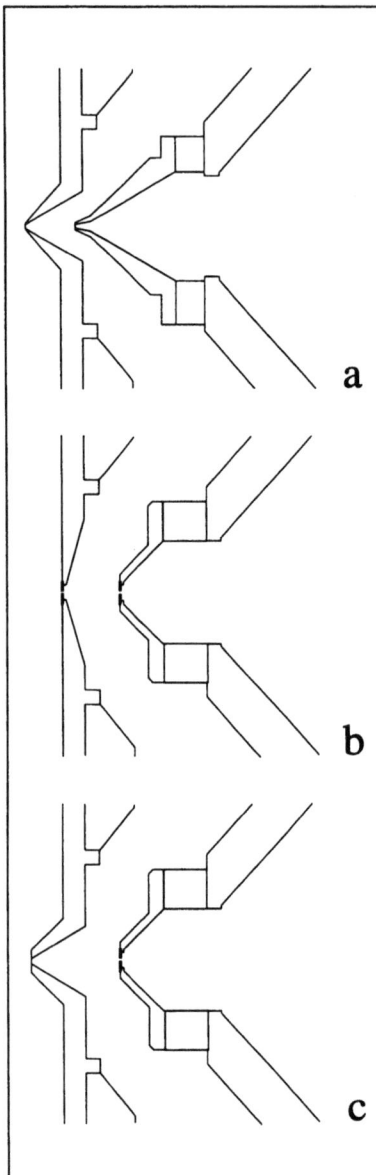

Abb. 4-5 *Zusammenstellung der getesteten Blendensysteme. a) beide konisch, b) beide flach (Platinblenden), c) abgeflachte erste und flache zweite Blende. Typ a) erwies sich als nicht verwendbar.*

Defokussierung der Ionen zur Folge hätte. Von mir durchgeführte Berechnungen mit SIMION ergaben jedoch keinerlei Hinweis auf die Ausbildung eines ausreichend starken Feldes, das die Ionen im Bereich eines solchen Skimmers ablenken könnte. Obwohl Hiraokas Beobachtungen qualitativ mit den hier beschriebenen Phänomenen übereinstimmen, erscheinen mir seine Schlußfolgerungen daher suspekt.

Für die flachen Blenden wurden Platin-Aperturblenden aus der Elektronenmikroskopie eingesetzt, die im Handel in verschiedenen Durchmessern und Stärken erhältlich sind. Wie aus den rasterelektronenmikroskopischen Aufnahmen auf der gegenüberliegenden Seite zu erkennen ist, sind diese Blenden auf einer Seite konisch angesenkt. In der Praxis konnte bei unterschiedlicher Montagerichtung keine meßbare Differenz beobachtet werden; daher wurden die Teile meist so befestigt, daß die glatte Seite der Region mit dem höheren Druck zugewandt war. Die Ausführungen mit 3.04 mm Durchmesser und 0.1 mm Dicke (Abb. 4-6) erwiesen sich als empfindlich gegenüber mechanischer Belastung, so daß die wesentlich robusteren Formen mit 3.0×0.24 mm (Abb. 4-7) vorgezogen wurden. Die Verwendung einer hutförmigen Blende, wie sie in Abb. 4-8 gezeigt ist, erwies sich als äquivalent, brachte aber keine weitere Verbesserung.

Die Aufnahme der Platinblenden erfolgte in Halterungen aus Constructal. Während die Halteplatte für die erste Blende eben war, wurde für die Aufnahme der zweiten Scheibe die Form eines Kegelstumpfes gewählt, um in diesem Bereich einen möglichst großen Pumpquerschnitt zu gewährleisten; vgl. Abb. 4-5 und die Schnittzeichnung Abb. 2-1, S. 16.

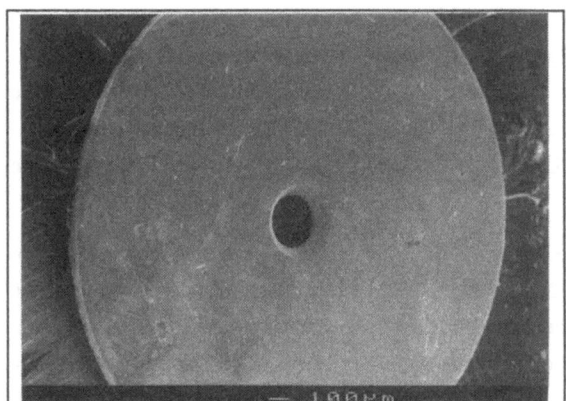
Abb. 4-6 Platinblende 3.04 mm × 300 µm, 0.1 mm dick.

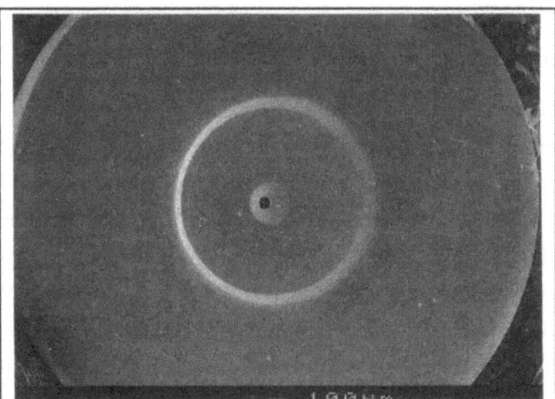
Abb. 4-7 Platinblende 3.00 mm × 70 µm, 0.24 mm dick.

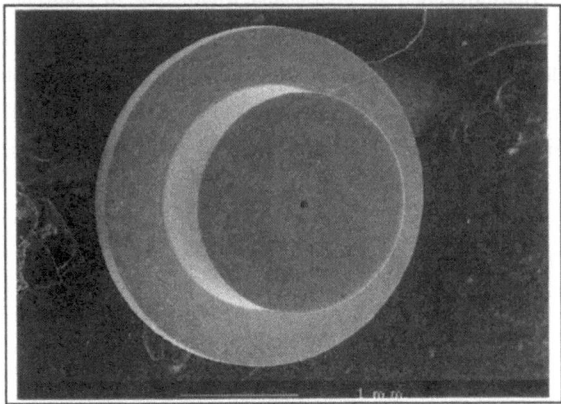
Abb. 4-8 Platin-Hutblende 3.0 mm × 70 µm.

Durch zusätzliche Distanzscheiben aus Aluminium unter dem zweiten Skimmer konnte der Abstand zwischen den beiden Blenden variiert werden.

Um die Blenden mechanisch zu fixieren, wurden sie mit ihren Halterungen verklebt. Als geeignet erwiesen sich bereits gewöhnliche Haushaltskleber, wie beispielsweise der Papierkleber Fixogum (von Marabu, Tamm) sowie der UHU-Alleskleber (UHU-Werke, Bühl). Fixogum muß schnell verarbeitet werden und hält nur geringe mechanische Belastung aus, läßt sich aber leicht wieder abziehen. Alleskleber muß nach dem Einkleben der Blenden gründlich aushärten (Trockenschrank), da sonst beim Evakuieren des Spektrometers Lösungsmittelreste ausgasen können und an der Klebestelle Blasen entstehen. Dieser Klebstoff muß mit Aceton gelöst werden, erlaubt dann aber ebenfalls ein Auswechseln der Blenden, ohne daß die Gefahr einer Beschädigung besteht. Die Reinigung der Platinblenden wurde mit Aceton oder mit handelsüblichen Laborreinigern im Ultraschallbad vorgenommen.

Bei allen Verklebungen erwies es sich als wichtig, daß die Platinscheiben niederohmigen elektrischen Kontakt mit ihrer Halterung haben. Die ausgehärteten Klebstoffe wirken als Isolatoren, so daß sich die Blenden durch den Ionenstrom elektrostatisch aufladen können, was die Ionentransmission fast auf Null reduziert. Durch Bestreichen des Blendenrandes und der umgebenden Halterung mit Leitsilber (L2001 von Emetron, Hanau) konnte auch dieses Problem gelöst werden.

In mehreren Meßreihen wurden der Einfluß von verschiedenen Lochdurchmessern und des Abstandes zwischen den beiden Skimmern studiert. Bei Variation des Abstandes von 1 bis zu 10 mm konnte kein abruptes Ansteigen oder Abfallen der Intensität mit der Entfernung festgestellt werden, wie es beim Auftreten einer Mach-Disk zu erwarten wäre. Das weist darauf hin, daß hinter dem ersten Skimmer die Expansion des einströmenden Gases *nicht* mit Überschallgeschwindigkeit erfolgt, was in der Molekularstrahltechnik sehr wohl der Fall ist (vgl. dazu auch [54, 63]). Zumindest in den hier erprobten Fällen läßt sich folgern, daß bei allen eingesetzten Blendendurchmessern eher ein Effusionsprozeß vorliegt als eine Teilchenströmung.

Als geeignete Distanz zwischen den beiden Blenden wurde 5.0 mm ermittelt, was einen Kompromiß zwischen geringer Signalintensität bei zu großem Abstand und schlechtem Druck bei zu niedriger Entfernung darstellt. Für die äußere Blende wurde im einstufigen Interface meist eine Ausführung mit einer Bohrung von 70 µm verwendet. Die nutzbare Obergrenze für den Durchmesser der ersten Blende lag hier bei etwa 100 µm; darüber wurde der Druck im Analysatorkopf so hoch, daß wegen der verringerten freien Weglänge deutliche Intensitätsverluste auftraten. Auf der anderen Seite reduzierte eine Verkleinerung des Durchmessers auf 50 µm den Druck so weit, daß trotz der Entladungskette (Kap. 4.2) Gasentladungen im Interface auftraten. Die Signalintensität ging aufgrund des verringerten Gasdurchsatzes ebenfalls zurück.

Insgesamt erwiesen sich die Platin-Aperturblenden als überlegene Alternative zu konischen Skimmern, wie sie in vielen kommerziell erhältlichen Interfaces verwendet werden. Dazu kommt, daß die letztgenannten Teile dünnwandige, scharfe Ränder besitzen müssen und entsprechenden Aufwand bei der Herstellung sowie vorsichtige Handhabung erfordern. Demgegenüber sind die flachen Blenden problemlos handhabbar, wesentlich robuster und preisgünstiger.

4.5 Desolvatisierungseinrichtung

Um die Analytmoleküle aus der zerstäubten Lösung freizusetzen, muß das im Elektrospray erzeugte Aerosol möglichst schnell und vollständig getrocknet werden. Eine weitestgehende Desolvatisierung bereits an der Atmosphäre ist unbedingt erforderlich, da mit dem Übergang ins Vakuum des Spektrometers eine schlagartige Verdampfung des Lösungsmittels einsetzen würde. Aufgrund der Verdunstungsenthalpie des Lösungsmittels hätte dies ein Einfrieren der Tropfen und eine entsprechende Erniedrigung des Dampfdruckes zur Folge, so daß keine Desolvatisierung und damit keine Freisetzung der Ionen aus dem Tropfen mehr möglich wäre. Durch die häufigen Stöße, die die Ionen bei Atmosphärendruck eingehen, wird dagegen genug Energie zugeführt, um ein Einfrieren der Tröpfchen zu verhindern.

Beim einstufigen Interface wird zu diesem Zweck ein Gasstrom aus warmem Stickstoff eingesetzt. In der zunächst verwendeten Ausführung wurde Stickstoff durch einen elektrisch beheizten Block aus Leitbronze erwärmt und anschließend durch einen kurzen Teflonschlauch vor die Öffnung der ersten Blende im Interface geleitet. Zur Führung des Gases diente eine flache, kegelförmige Haube, die auf der äußeren Platte des Interfaces verschraubt war (nicht gezeigt). Die Heizwirkung erwies sich in dieser Anordnung jedoch als zu gering. Daher wurde die in Abb. 2-3 (S. 17) gezeigte Anordnung realisiert, bei der eine Heizpatrone unmittelbar auf der – nunmehr flachen – Aluminiumplatte des Stickstoffschildes montiert ist. Mit diesem Aufbau können in kurzer Zeit Temperaturen von mehr als 200 °C erreicht werden.

Der Stickstoff wurde üblicherweise mit einem Volumenstrom von $1\ldots2$ l min^{-1} zugeführt, wobei die Aluminiumplatte auf etwa 160 °C erhitzt wurde. Sowohl die Beheizung als auch das Vorhandensein des Gasvorhanges sind für eine wirksame Desolvatisierung erforderlich. Die genauen Einstellungen erwiesen sich als unkritisch; die oben genannten Daten sind Anhaltswerte, die nach Bedarf variiert wurden.

Es wurde festgestellt, daß der Stickstoffschild zur Erzielung einer hohen Ionenausbeute nicht auf dem gleichen Potential wie die erste Blende liegen sollte. Wird die Platte mit Teflonringen in einem Abstand von $2\ldots4$ mm vor dieser Blende befestigt und ihr Potential auf $0.5\ldots1$ kV über das der ersten Blende erhöht, so steigt die Signalintensität auf das zwei- bis fünffache an. Der Einfluß dieser Spannungsdifferenz ließ sich nicht eindeutig quantifizieren, da die Meßwerte unter anderem vom Volumenstrom, der Gastemperatur, der Justierung und dem Zerstäubergasdruck des Sprayers sowie von der Analysensubstanz abhängen. Ähnlich wie bei der Temperatureinstellung wurde auch hier je nach Notwendigkeit optimiert, wobei ebenfalls ein breiter Arbeitsbereich zur Verfügung stand.

Als Erklärung für die beobachtete Erhöhung der Signalintensität kann man eine Art "Führung" der Tröpfchen durch das elektrische Feld im Bereich des Stickstoffschildes annehmen, da ein Potentialgradient von der Sprayernadel (9 kV) zum Schild (6 kV) und zur ersten Blende (5 kV) verläuft. Bei Atmosphärendruck ist die freie Weglänge zwischen zwei Stößen allerdings so gering, daß dies nicht mit einer Fokussierung im ionenoptischen Sinne vergleichbar ist; unter den bei Atmosphärendruck herrschenden Bedingungen werden die Ionen ausschließlich durch eine viskose Strömung ins Interface transportiert.

4.6 Erhöhung des Gasdurchsatzes

Wie bereits erwähnt wurde, muß das Interface so ausgelegt sein, daß soviele Ionen und sowenig Gaslast wie möglich ins Spektrometer gelangen. Um einen niedrigen Druck bei gleichzeitig hohem Gasdurchsatz zu erzielen, muß die Pumpleistung des Vakuumsystems wiederum möglichst hoch gewählt werden. Dazu kann man entweder Vakuumpumpen mit höherer Saugleistung einsetzen oder eine zusätzliche Pumpstufe einfügen. In dieser Arbeit wurden beide Varianten getestet.

Bauart	erste Blende	zweite Blende	Druck 1. Stufe	Druck 2. Stufe	Druck Quellenkopf
einstufig*	70 µm	400 µm	0.3	–	$6 \cdot 10^{-5}$
einstufig**	70 µm	300 µm	n. g.	–	$2 \cdot 10^{-5}$
zweistufig*	300 µm	750 µm	1	$4 \cdot 10^{-2}$	$5 \cdot 10^{-5}$
zweistufig**	300 µm	750 µm	1	$4 \cdot 10^{-2}$	$3 \cdot 10^{-5}$

*Drehschieber-, **Turbomolekularpumpe als Hauptpumpe. Alle Druckangaben in hPa. Der Abstand zwischen den Skimmerblenden betrug bei allen Messungen 5 mm, der Druck im Analysator war besser als 10^{-6} hPa. – n. g., wegen Gasentladungen nicht gemessen.
Tabelle 4-2 *Zusammenstellung der wichtigsten Interface-Kombinationen.*

Die als Vorpumpe verwendete Drehschieberpumpe (30 m^3 h^{-1}, entsprechend 8.3 l s^{-1}) wurde zunächst durch eine Turbomolekularpumpe mit 110 l s^{-1} ersetzt, was einer Verbesserung der nominellen Saugleistung um mehr als eine Größenordnung entspricht. Bei weitgehend unveränderten Blendendurchmessern sank der Druck im Analysatorkopf von $\sim 6 \cdot 10^{-5}$ auf $\sim 2 \cdot 10^{-5}$ hPa (Tabelle 4-2), was die erhöhte Pumpleistung bestätigt. Der Druck in dieser Stufe ging allerdings so weit zurück, daß zwischen den potentialführenden Teilen des Interfaces und der etwa 45 cm entfernten Pumpe Gasentladungen gezündet wurden. Eine Entladungskette, wie sie in

Abschnitt 4.2 beschrieben ist, konnte auf dieser kurzen Distanz nicht eingesetzt werden, so daß die Messungen mit dieser Ausführung nicht weiterverfolgt wurden.

Zur Erhöhung des Gasdurchsatzes wurde in der Folge eine zusätzliche Pumpstufe eingefügt. Gleichzeitig wurde für die Desolvatisierung des Sprays das Prinzip des geheizten Stickstoffvorhanges nicht mehr verwendet, da bei hohen Flußraten einzelne Tropfen direkt auf die erste Blende gelangen und deren Öffnung verstopfen konnten.

4.7 Zweistufiges Interface

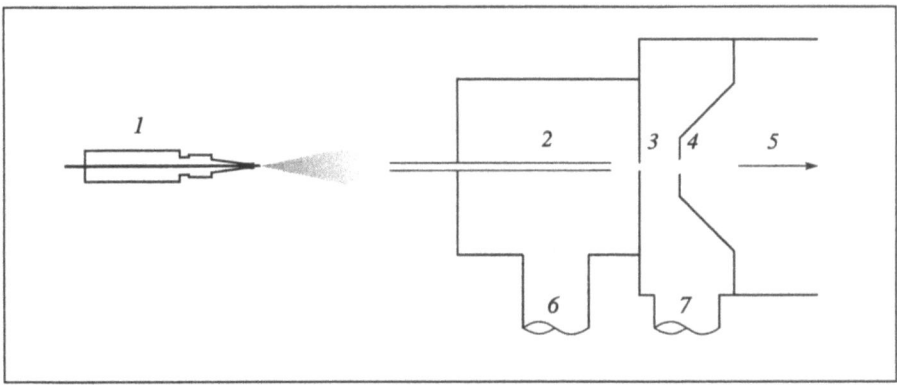

Abb. 4-9 Das zweistufige Interface. 1 Sprayer, 2 Transferkapillare und Desolvatisierung, 3 äußere und 4 innere Blende, 5 zur Ionenoptik und zum Analysatorsystem, 6 zur Drehschieberpumpe, 7 zur Turbomolekularpumpe.

Die neue Anordnung, die schematisch in Abb. 4-9 skizziert ist, basiert teilweise auf einem von Chait et al. entwickelten Verfahren [38]. Dabei werden die Ionen aus der Spraywolke in eine geheizte Kapillare überführt. Beim Durchgang durch diese Kapillare werden sie thermisch desolvatisiert und treten danach in einen Bereich ein, in dem ein Druck von ca. 1 hPa herrscht. Unmittelbar dahinter schließt sich eine zweite Pumpstufe an, die im wesentlichen aus der bereits beschriebenen Anordnung besteht. In der ersten Stufe wurde wieder eine zweistufige Drehschieberpumpe mit einer Saugleistung von 30 m^3 h^{-1} verwendet, während die bereits erwähnte Turbomolekularpumpe mit 110 l s^{-1} nun zur Evakuierung der zweiten Stufe diente. Wegen der erhöhten Leistung können die Durchmesser beider Skimmer wesentlich vergrößert werden. Die am häufigsten verwendeten Werte sind auf S. 58 in Tabelle 4-2, technische Angaben zum Vakuumsystem in Tabelle 2-1 (S. 15) zusammengestellt.

Zwischen Transferkapillare und erster Blende wird eine Potentialdifferenz von etwa 10...100 V angelegt. Durch diesen Potentialgradienten werden die Ionen zur Blende hin beschleunigt und stoßen dabei mit den umgebenden Gasmolekülen zusammen, was zur effektiven Desolvatisierung beiträgt. Eine nähere Diskussion dieses Effektes findet sich in Kap. 6.3.

Der Ausgang der Transferkapillare befindet sich 3...5 mm vor der ersten Blende. Ein Aufbau, in dem beide Komponenten auf einer gemeinsamen Längsachse angeordnet sind, ist mit der vorliegenden Vakuumanlage nicht dauerhaft nutzbar; unter diesen Bedingungen steigt der Druck in der zweiten Pumpstufe derart an, daß Gasentladungen zwischen Interface und Turbomolekularpumpe zünden. Daher werden Kapillare und Blende nicht konzentrisch, sondern etwa 0.5 mm seitlich versetzt montiert, was sich nach längerem Betrieb auch durch einen Brennfleck auf der ersten Platinblende erkennen läßt. Ein Nachteil dieser Anordnung besteht darin, daß die Ionen nach dem Verlassen der Transferkapillare "um die Ecke" gelangen müssen, um in die zweite Pumpstufe einzutreten. Von Vorteil ist jedoch, daß Partikel oder Tröpfchen nicht unmittelbar in die weiteren Stufen des Interfaces gelangen können.

Als geeignetes Material für die Transferkapillare erwies sich Standard-Kapillarrohr aus rostfreiem Stahl. Unter anderem kam auch GLT-Rohr (*glass lined tubing*, d. i. innen glasbeschichtetes Kapillarrohr) zum Einsatz. Hier stellte sich jedoch heraus, daß die Transmission durch diese Kapillaren bei hohen Ionenkonzentrationen schlagartig zusammenbricht. Der Effekt könnte auf Aufladungserscheinungen an der inneren Wand der Kapillare zurückzuführen sein, wurde aber nicht eingehender untersucht.

Die benötigte Heizleistung für eine gegebene Temperatur der Kapillare ist in Abb. 4-10 gezeigt. Da mit den einströmenden Gasen lediglich ein Medium mit geringer Wärmekapazität erhitzt wird, ist die Temperatur direkt proportional zur Heizleistung. Messungen an zwei verschiedenen Stellen, im Bereich von Atmosphärendruck und in der Vakuumstufe des Interfaces (*4* und *4a* in Abb. 2-4, S. 20), ergaben an beiden Punkten bei gleicher Heizleistung auch gleiche Temperaturen. Daher kann das Thermoelement außerhalb des Vakuumbereiches angebracht werden, so daß insgesamt nur zwei Vakuumdurchführungen benötigt werden: Eine für die Kapillare selbst, die zweite für die Stromzuführung.

Für die Regelung der Kapillarentemperatur ist wichtig, daß das Thermoelement in engem thermischen Kontakt mit der Kapillare steht. Dies wurde hier durch Umwickeln mit dünner Kupferfolie erreicht. Die geringste thermische Trägheit besäße sicherlich eine Punktschweißverbindung, die aber hier nicht realisiert wurde, weil sie Wartungs- und Umbauarbeiten ganz erheblich erschweren würde. Bei schlechtem Kontakt oder großer Masse wird die Zeitkonstante zu lang. Dadurch kann sich die Regelelektronik aufschaukeln, was zu Temperaturschwan-

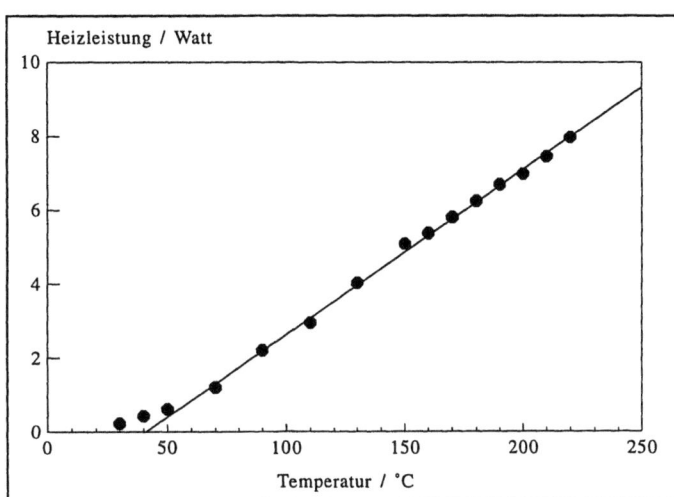

Abb. 4-10 *Temperatur und erforderliche Heizleistung für die Transferkapillare. Stahlkapillare 0.5 mm i.d., 250 mm lang.*

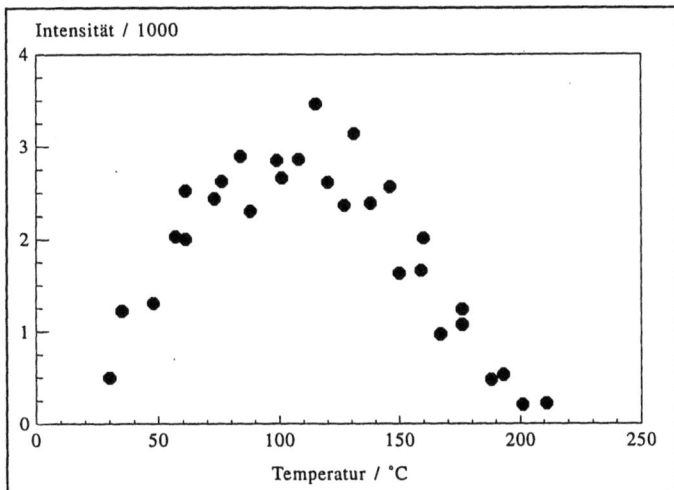

Abb. 4-11 *Intensität des $[M+H]^+$-Ions von Erythromycin A in Abhängigkeit von der Kapillarentemperatur. Dargestellt sind Werte aus insgesamt drei Meßreihen.*

kungen von mehr als 100 K führen kann.

Die Abhängigkeit der Signalintensität von der Kapillarentemperatur zeigt Abb. 4-11. Hier wurde das Signal des protonierten Molekülions von Erythromycin A (m/z 735.5, vgl. auch Kap. 6.4) gemessen. Bei niedriger Temperatur werden nur wenige Ionen detektiert, da die zugeführte Energie nicht zur vollständigen Desolvatisierung ausreicht. Mit zunehmender Kapillarentemperatur steigt das Signal an, um ein breites Maximum bei 90...140 °C zu durchlaufen. Das zeigt, daß die Wahl der Temperatur relativ unkritisch ist, so daß im allgemeinen bei 110...130 °C gearbeitet wurde. Bei höheren Temperaturen sinkt die Intensität wieder ab, um oberhalb von etwa 200 °C praktisch auf Null zu gehen. Nach längerem Betrieb zeigt sich besonders bei hohen Temperaturen ein rußartiger Belag auf der Blende, so daß in diesem Bereich möglicherweise eine thermische

Zersetzung erfolgt. Hinweise auf eine thermische Fragmentierung konnten jedoch in den Spektren der bisher getesteten Substanzen nicht festgestellt werden.

Die Empfindlichkeit des Interfaces wurde durch die Verwendung der zweiten Pumpstufe und der beheizten Transferkapillare wesentlich verbessert. So konnten in der zweistufigen Anordnung auch größere Proteine detektiert werden, was bei der einstufigen Ausführung oft problematisch war (vgl. dazu Abschnitt 4.12).

4.8 Ionentransmission im Interface

In Abschnitt 5.2 (S. 84) wird gezeigt, daß bei Elektrospray eine Ionisationseffizienz von nahezu 100 % erzielt werden kann. Verglichen mit konventionellen Ionenquellen stellt dies eine Verbesserung um mindestens eine Größenordnung dar. Daß die Gesamtempfindlichkeit dennoch vergleichsweise gering ist, liegt an den geringen Ionenströmen, die *ins* Massenspektrometer gelangen: Während bei Verwendung der Elektronenstoßquelle je nach Massenfluß Ionenströme bis in den Mikroampere-Bereich hinter dem Eintrittsspalt gemessen werden können, sind es bei Elektrospray schon am Ort der Ionenerzeugung maximal 200 nA. Die wesentliche Aufgabe bei der Interface-Entwicklung besteht daher in der möglichst vollständigen Überführung dieser Ionen ins Massenspektrometer.

Die Ionentransmission durch das Interface wurde durch Messung des Stromes auf den einzelnen Skimmern ermittelt. Auf der ersten Blende wurden Ströme um 200 nA registriert, was dem von der Nadel abgehenden Strom entspricht (vgl. Kap. 5.1). Auf der zweiten Blende konnten maximal ~ 1.3 nA gemessen werden, was – wie oben erwähnt – stark von der Position des Sprayers abhing. Dies entspricht einer Transmission von rund 0.5 % des gesamten Ionenstromes bis zum zweiten Skimmer.

Hier wird ein wesentliches Problem der Interface-Entwicklung erkennbar: Durch die Öffnung der ersten Blende gelangt nur ein Bruchteil der insgesamt erzeugten Ionen; die meisten gehen bereits verloren, bevor sie in den Bereich der Ionenoptik eintreten können. Weitere Verluste treten im Quellenkopf und im Analysatorsystem auf, so daß für die Gesamttransmission Werte von $10^{-5} ... 10^{-6}$ angegeben werden, sowohl bei Quadrupol- als auch bei Sektorfeld-Geräten [64, 65]. Daher wurden hier verschiedene Untersuchungen durchgeführt, um die Transmission im Bereich des Interfaces zu verbessern.

In Abschnitt 4.5 wurde bereits erwähnt, daß eine "klassische" Fokussierung der Ionen unter Atmosphärendruck nicht realisierbar ist, da die mittleren freien Weglängen viel zu gering sind.

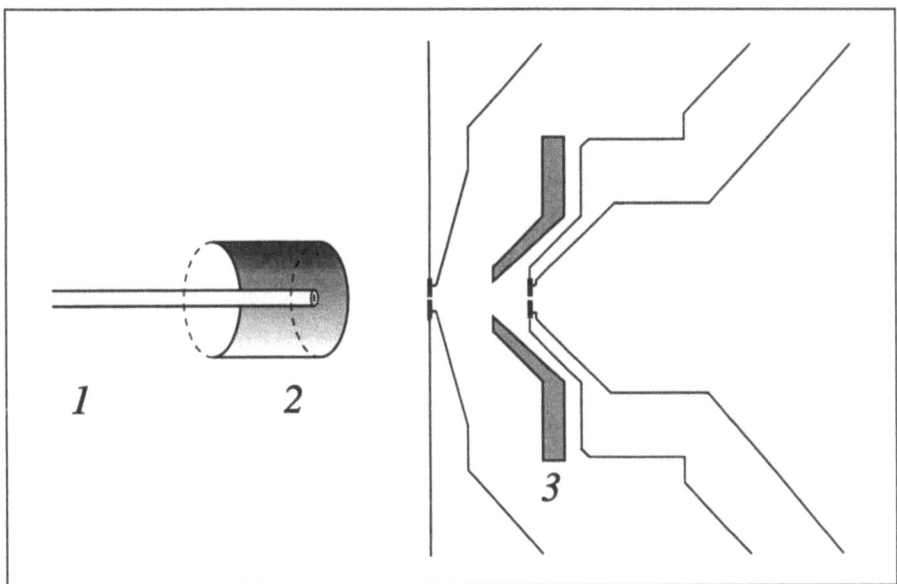

Abb. 4-12 *Schematische Zusammenstellung der am zweistufigen Interface getesteten, zusätzlichen Fokussiereinrichtungen. 1 Transferkapillare, 2 "Röhrenlinse" am Ausgang der Kapillare, 3 Ringlinse.*

Einige Elektrospray-Ionenquellen verwenden an dieser Stelle eine ringförmige "Linse", um die Ionen zur Öffnung des Interfaces zu lenken [64]. Versuche mit einer entsprechenden Anordnung wurden mit dem zweistufigen Interface durchgeführt. Eine dazu um die Spitze der Zerstäubereinheit gelegte Kupferblechröhre mit ca. 40 mm Innendurchmesser und ca. 60 mm Länge bewirkte aber keine Erhöhung der Signalintensität.

Um festzustellen, ob sich im Bereich der Pumpstufen des Interfaces eine Fokussierung erzielen läßt, wurden in der zweistufigen Ausführung weitere Möglichkeiten untersucht, die in Abb. 4-12 schematisch zusammengestellt sind. In dieser Region herrschen Drücke unter 1 hPa, so daß die mittlere freie Weglänge gegenüber Atmosphärendruck um drei Größenordnungen steigt (Tabelle 4-1, S. 45) und der Einfluß von elektrischen Feldern ausgeprägter ist.

Die erste Anordnung war ein röhrenförmiges Linsenelement mit 6 mm Durchmesser, das etwa 2...3 mm über das Ende der Transferkapillare hinausragte und die divergierende Ionenwolke nach dem Verlassen der Kapillare fokussieren sollte. Eine zweite, nicht gezeigte Anordnung benutzte eine flache Scheibe anstelle der zylindrischen Linse. Die Spannungsversorgung erfolgte über das gleiche Netzteil, das auch die restlichen Potentiale zum Betrieb des Interfaces lieferte; der Anschluß geschah über eine freie Durchführung im Flansch (vgl. Abschnitt 2.3 und Abb. 2-4, S. 20). Diese "Röhrenlinse" konnte auf ein Potential von bis zu ±1 kV gegenüber der ersten Blende gelegt werden. Um wegen der seitlich versetzten Anordnung von Kapillare und erster Blende eine mögliche Defokussierung auszuschließen, wurde in den Versuchen die Position der Transferkapillare gegenüber der Blende um mehrere Millimeter variiert, was auch einen kurzfristigen Betrieb in einer konzentrischen Anordnung (vgl. S. 60) einschloß.

Die zweite Anordnung war ein ringförmiges Linsenelement mit 4.5 mm Innendurchmesser (*3* in Abb. 4-12), das im Bereich zwischen den beiden Blenden montiert wurde und aus einem abgedrehten Skimmer bestand. Die Spannungsversorgung entsprach der oben genannten, wurde jedoch auf ±250 V beschränkt. Ähnliche Anordnungen wurden auch von anderen Autoren untersucht [66].

Die Verwendung dieser beiden Elemente bewirkte in der vorliegenden Ausführung keine Verbesserung der Empfindlichkeit. Die Einstellungen des Gerätes gegenüber der Standard-Anordnung reagierten sensibler auf Abweichungen von den "optimalen" Werten, so daß die Verwendung dieser zusätzlichen Teile nicht sinnvoll erschien und bei der Durchführung der Messungen darauf verzichtet wurde.

4.9 Erzielbare Auflösung

In Kap. 1.4.1 wurde festgestellt, daß das Auflösungsvermögen eine der wesentlichen Kenngrößen eines Sektorfeld-Massenspektrometers ist. Dabei hängt die erreichbare Auflösung zum einen von der Qualität der Geschwindigkeits- und Richtungsfokussierung im Analysatorsystem selbst ab [67], zum anderen aber auch von der Ionenquelle. Um ein möglichst hohes Auflösungsvermögen zu erzielen, ist es erforderlich, daß die Breite der anfänglichen Energieverteilung der Ionen möglichst gering ist, da sie bestimmt, welcher Anteil der Ionen überhaupt das Analysatorsystem im doppelfokussierenden Gerät durchlaufen kann.

Ein Problem bei Elektrospray-Ionisation ist, daß die Energieverteilung hier relativ breit ist, was auch in den Versuchen am Quadrupol-Massenspektrometer (vgl. S. 53) festgestellt werden konnte. Die Ionen werden außerhalb des Spektrometers bei Potentialen oberhalb der Beschleunigungsspannung erzeugt, durchlaufen während ihrer Freisetzung aus den Tröpfchen einen Potentialgradienten zum Interface hin, treten durch die Transferkapillare ins Interface ein und gelangen erst beim Durchtritt durch die zweite Blende des Interfaces auf das Potential der Beschleunigungsspannung. Wegen dieses Potentialverlaufes kann man davon ausgehen, daß die Energieverteilung um so "unschärfer" wird, je unbestimmter der Ort der Freisetzung aus dem Tropfen ist. Umgekehrt ergibt sich daraus die Notwendigkeit, möglichst schnell eine voll-

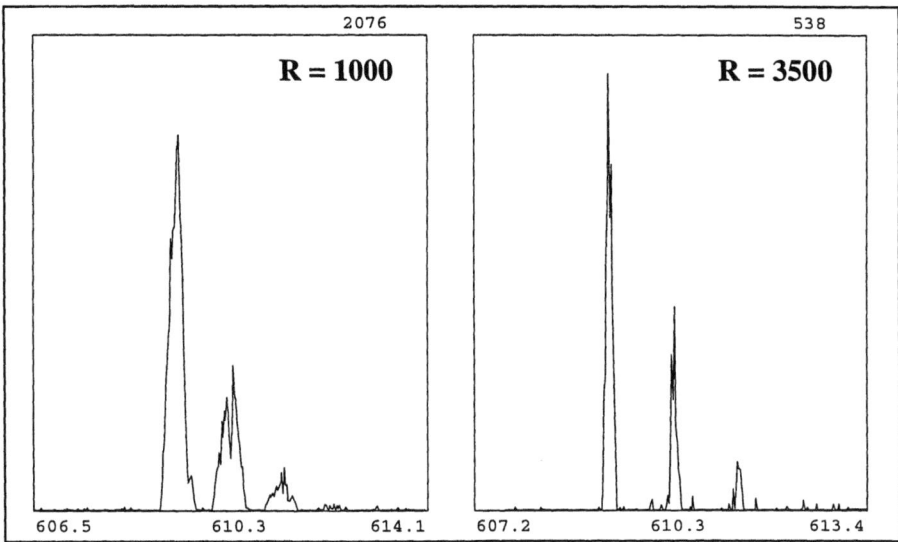

Abb. 4-13 *Das Signal des protonierten Molekülions von Reserpin bei einer Auflösung von 1000 (links) und 3500 (rechts).*

ständige Desolvatisierung der Ionen zu erreichen, um auf diesem Wege eine definierte Anfangsenergie einzustellen. Eine sorgfältige Desolvatisierung des Sprays in einer möglichst frühen Phase der Ionenfreisetzung wird demnach einen deutlichen Zuwachs an Empfindlichkeit bewirken.

Bei gegebener Energiebreite und gegebenem Analysatorsystem erfolgt die Definition der Form des Ionenstrahls und damit auch des Auflösungsvermögens überwiegend durch Eintritts- und Austrittsspalt. Zusätzliche optische Elemente im Analysatorsystem sind zur Erhöhung der Transmission und zur Korrektur von Abbildungsfehlern eingebaut [31, 45b]. Eine Verminderung der Spaltbreite hat eine Erhöhung der Auflösung zur Folge, gleichzeitig aber auch eine Ausblendung eines großen Teiles des Ionenstromes. Der dabei auftretende Verlust an Empfindlichkeit ist mindestens umgekehrt proportional zum Auflösungsvermögen.

Der limitierende Faktor bei der Erhöhung der Auflösung ist demnach das Absinken der Empfindlichkeit. Da der erzeugte Ionenstrom bei Elektrospray wesentlich geringer ist als bei Elektronenstoß-Ionisation und nur ein Bruchteil davon in das Analysatorsystem gelangt, kann das bedeuten, daß bei der Aufnahme und Auswertung von Hochauflösungsdaten eine Anzahl Scans aufsummiert werden muß, um eine ausreichende Ionenstatistik zu erhalten. Die Spektren mit $R = 20\,000$, die von Dobberstein und Schröder gezeigt wurden, sind teilweise nach dem gleichen Verfahren gemessen worden [37].

Abb. 4-13 zeigt das Signal des protonierten Molekülions von Reserpin, aufgenommen bei Auflösungen von R = 1000 und 3500. Aus den Intensitätsangaben (2076 bzw. 538 counts) erkennt man, daß die Peakhöhe etwa in dem Maße zurückgeht, in dem die Auflösung steigt. Werte bis über R = 5000 konnten erreicht werden; es wurde jedoch nicht versucht, gezielt die maximale Auflösung zu bestimmen.

4.10 Negativ geladene Ionen

Die Untersuchungen zur Elektrospray-Ionisation werden zum größten Teil unter Registrierung von positiv geladenen Ionen durchgeführt. Für viele Anwendungen, besonders in der Nucleotidchemie, ist jedoch die Erzeugung und Messung negativ geladener Ionen von Interesse.

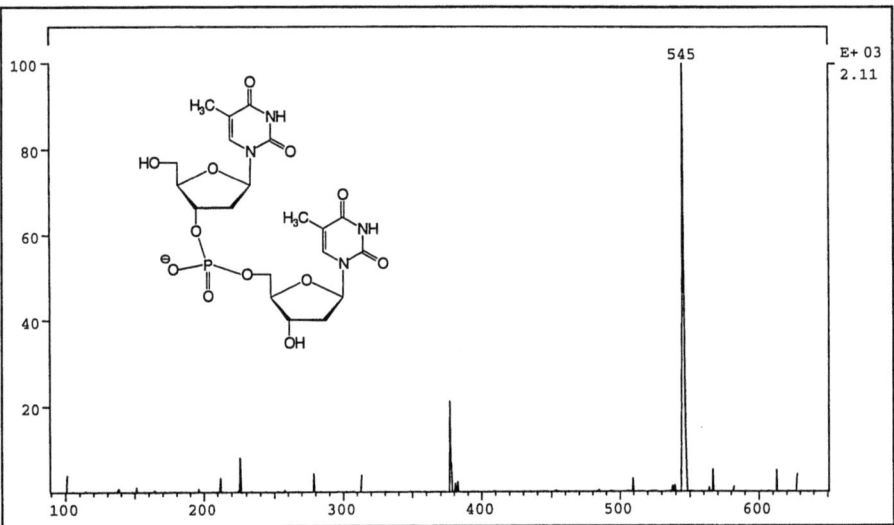

Abb. 4-14 Registrierung negativ geladener Ionen: dTpdT. Flow injection mit 0.18 mmol l^{-1}, 2 µl min^{-1}, sheath flow 1% Ammoniak in Methanol, 10 scans summiert. Substanzverbrauch 0.9 nmol.

Die Erzeugung negativer geladener Ionen mit Elektrospray ist aufgrund des Mechanismus der elektrophoretischen Ladungstrennung (S. 79) ebenso gut möglich wie die positiv geladener Ionen. Technische Probleme können in einigen Fällen durch Corona-Entladungen auftreten, die an der Spitze der Sprayerkapillare bei wesentlich niedrigeren (absoluten) Potentialen einsetzen, als das bei positiv geladenen Ionen der Fall ist. Um dies zu umgehen, wird in der

Literatur der Zusatz von Elektronenfängern, wie Sauerstoff oder Schwefelhexafluorid, zum Zerstäubergas empfohlen [15, 68].

In der vorliegenden Anordnung sind jedoch keine zusätzlichen Maßnahmen erforderlich. Nach Umschaltung des Spektrometers und Umpolung der Spannungsversorgungen von Sprayer und Interface ist es problemlos möglich, negativ geladene Ionen zu messen. Die Potentiale am Sprayer liegen dabei betragsmäßig deutlich unter denen, die für die Freisetzung positiv geladener Ionen erforderlich sind (~7.5 gegenüber ~9 kV). Abb. 4-14 zeigt als Beispiel das Elektrospray-Massenspektrum von Deoxythymidylyl-3'-5'-deoxythymidin, dTpdT, eines Nucleotids, das aus zwei Thymidinresten besteht. Das Signal bei m/z 545 entspricht dem freien Molekülanion.

4.11 Sprayerkonstruktion. Verfahren zur Erhöhung der Flußrate

Die elektrostatischen Wechselwirkungen müssen bei der Elektrospray-Ionisation sowohl die mechanische Zerstäubung der Tropfen als auch die Ionisation bewirken. Dadurch kann nur ein bestimmtes Volumen Flüssigkeit pro Zeiteinheit von der Kapillare des Sprayers abgelöst werden, so daß die Flußrate bei "reinem" Elektrospray auf den Bereich unterhalb von etwa 10 µl min^{-1} begrenzt ist.

Höhere Flüsse lassen sich realisieren, wenn man das Abreißen der Flüssigkeit mechanisch unterstützt. Die mechanische Zerstäubung von Flüssigkeiten, z.B. durch Ultraschallgeber, ist aus den Particle-Beam-Techniken [6] und frühen API-Arbeiten [47] bekannt. Für Elektrospray wird die Ultraschall-Zerstäubung inzwischen kommerziell angeboten [70], hat aber bisher nur wenig Verbreitung gefunden.

Am weitesten verbreitet ist die Vernebelung durch Druckluft bzw. Stickstoff. Das Verfahren dazu wurde 1987 von Bruins, Covey und Henion an der Cornell University entwickelt, die auch die Bezeichnung *Ion Spray* vorschlugen [20a] und diese Anordnung patentieren ließen [20b]. Obwohl der Name in leicht geänderter Form – IonSpray^{TM} – als Markenzeichen von der kanadischen Firma Sciex beansprucht wird, hat er sich als Kurzform für das sprachlich etwas unhandliche *pneumatically assisted electrospray* eingebürgert. Durch die mechanische Unterstützung der Vernebelung ist man in der Wahl der Arbeitsbedingungen etwas freier als bei "reinem" Elektrospray.

Die Geschwindigkeit, mit der das Lösungsmittel nach dem Versprühen verdampft und mit der letztlich auch die Ionen freigesetzt werden, hängt unter anderem vom Dampfdruck und von

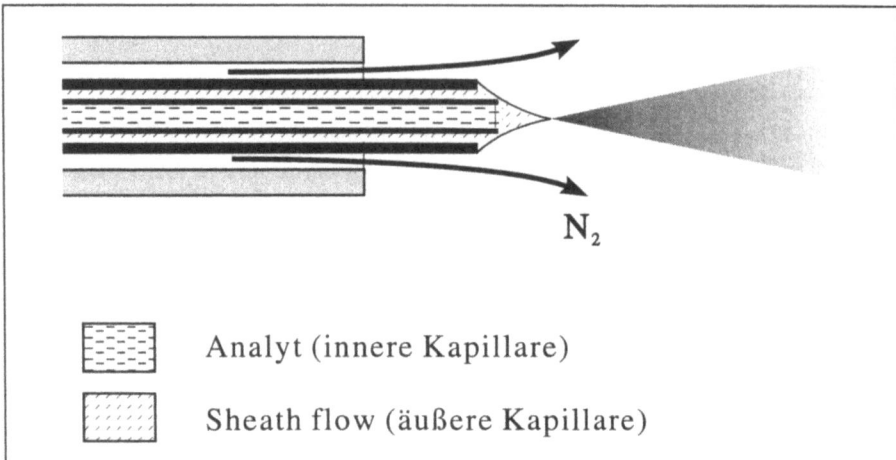

Abb. 4-15 *Aufbau der Spitze des Sprayers. Parallel zur Lösung mit dem Analyten wird koaxial ein sheath flow zugeführt. Um die Vernebelung zu unterstützen, wird die Flüssigkeit pneumatisch zerstäubt.*

der Oberflächenspannung des Laufmittels ab. In vielen Fällen, z. B. bei rein wäßrigen Analytlösungen, ist der Zusatz einer Substanz erwünscht, die die Oberflächenspannung der Lösung herabsetzt. Dies führt zu kleineren Tröpfchen, einer besseren Desolvatisierung und damit zu einer höheren Ionenausbeute. Erreichen kann man dies beispielsweise durch Zumischen einer zweiten Flüssigkeit mit niedriger Oberflächenspannung, wie Methanol, Acetonitril oder Propanol-2. Führt man die Substanzen erst an der Spitze des Sprayers zusammen und kombiniert man dies mit der oben genannten, pneumatischen Zerstäubung, so erhält man die in Abb. 4-15 skizzierte Anordnung (vgl. auch Abb. 2-9, S. 27).

Dabei dient die innere Kapillare zum Transport der Analytlösung, während eine konzentrisch dazu angeordnete, zweite Kapillare das Zumischen einer weiteren Flüssigkeit erlaubt. Durch die koaxiale Zuführung "umhüllt" die außen zugeführte Flüssigkeit den Analyten. In der angelsächsischen Literatur wird diese Anordnung auch als *sheath liquid*, *sheath flow* oder *makeup flow* bezeichnet. Wiederum konzentrisch dazu kann ein Gasstrom, meist Stickstoff, eingeleitet werden. Er läßt sich, je nach Vordruck und Ausführung der Spitze, als Trockengas, zur aerodynamischen Fokussierung oder zur mechanischen Zerstäubung der Flüssigkeit einsetzen.

Zu beachten ist dabei, daß die Wirkung des Gasstromes stark von der Konstruktion der Spitze abhängt. Um eine Düsenwirkung zu erzielen, muß eine möglichst kleine Öffnung verwendet werden, aus der das Zerstäubergas mit hoher Geschwindigkeit austritt. Bei den vorliegenden Messungen wurde eine Bohrung von 0.8 mm verwendet, die sich in der Spitze der Kappe des Sprayers befand (*9* in Abb. 2-9, S. 27). Zusammen mit den Abmessungen der Stahlkapillare

(*2* in Abb. 2-9) errechnet sich bei einem normalerweise verwendeten Volumenstrom von etwa 1...1.5 l min^{-1} eine laminare Geschwindigkeit von rund 40...60 m s^{-1}. Die genaue Einstellung wurde je nach Arbeitsbedingungen vorgenommen. Als entscheidend erwies sich dabei weniger der Volumenstrom, sondern mehr der Abstand der Düse vom vorderen Ende der Kapillare, weil damit die Strömungsverhältnisse und letztlich die Effizienz der Vernebelung bestimmt werden. Um diesen Abstand im Betrieb optimieren zu können, ist diese Kappe mit einem Schraubgewinde versehen, so daß die Position der Düse während des Meßbetriebes manuell eingestellt werden kann. Durch die Verwendung von Kunststoffen werden die hochspannungsführenden Bauteile des Sprayers dabei ausreichend isoliert, so daß diese Arbeiten gefahrlos möglich sind.

Die in dieser Arbeit vorgestellten Messungen wurden fast ausschließlich mit Stickstoff als Zerstäubergas sowie unter Verwendung des *sheath flow* durchgeführt. Da die physikalischen Grundlagen für beide Betriebsarten, mit und ohne Zerstäubergas, nach dem heutigen Kenntnisstand praktisch identisch sind [69], wird hier durchgehend der Begriff Elektrospray verwendet.

4.12 Zusammenfassung Interface

An dieser Stelle sind einige zusammenfassende technische Anmerkungen angebracht, die die Unterschiede zwischen den beiden Ausführungen hervorheben. Eine quantitative Betrachtung folgt in den nächsten Kapiteln.

Es wurden zwei Interfaces zur Kopplung einer Atmosphärendruck-Ionenquelle an ein Sektorfeld-Massenspektrometer entwickelt, die sich durch die Auslegung des Vakuumsystems und das Prinzip der Desolvatisierung unterscheiden.

Das erste, einstufige Interface nutzt zur Desolvatisierung einen Gasstrom aus warmem Stickstoff. Es läßt sich für Flußraten bis etwa 50 µl min^{-1} verwenden. Bei höheren Volumenströmen tritt das Problem auf, daß bei unvollständiger Zerstäubung einzelne Flüssigkeitstropfen direkt auf die erste Blende gelangen und die Öffnung verstopfen können. Durch die starke Aufheizung des Stickstoffschildes und das direkte Auftreffen von Partikeln muß diese Blende je nach Betriebsbedingungen in Abständen von drei bis fünf Tagen gereinigt werden. Darüber hinaus wurde festgestellt, daß der Nachweis von größeren Molekülen, wie Proteinen und Peptiden, mit dieser Anordnung nicht zuverlässig möglich ist. Moleküle unter etwa 1 kg mol^{-1} und "stabile" Verbindungen, wie das zyklisch aufgebaute Gramicidin S (Kap. 6.5), ließen sich ohne Schwierigkeiten messen, aber bei Substanzen wie Insulin (Abb. 4-17) war die Reproduzierbarkeit sehr schlecht.

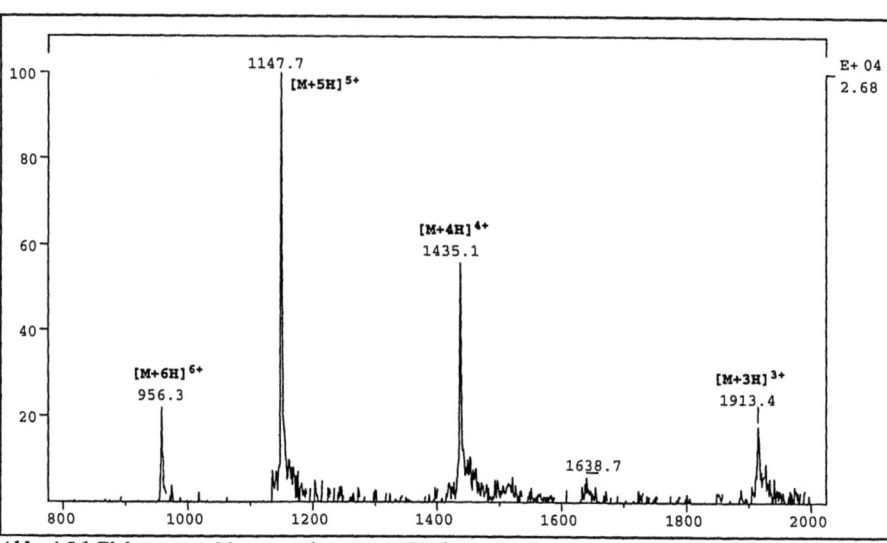

Abb. 4-16 *Elektrospray-Massenspektrum von Rinderinsulin, erhalten mit dem zweistufigen Interface. Kapillarentemperatur 130 °C, Flußrate 2.5 µl min^{-1}.*

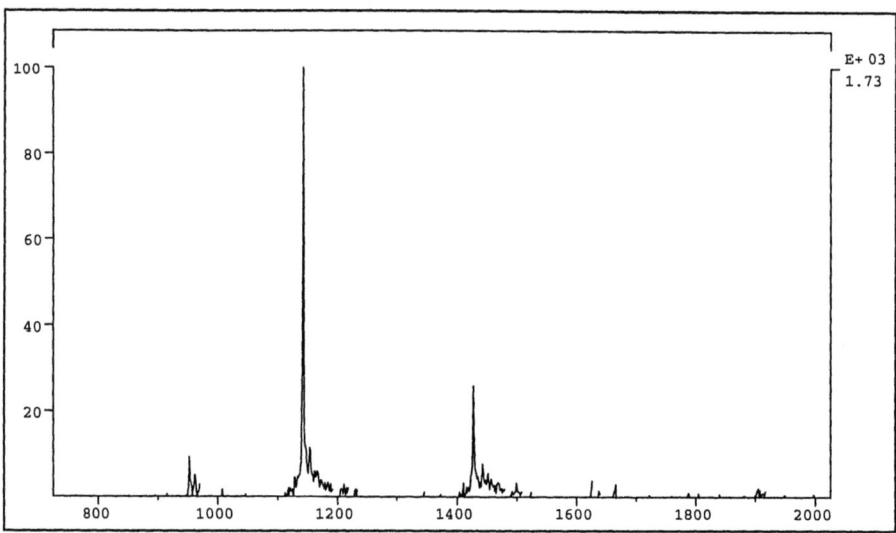

Abb. 4-17 *Elektrospray-Massenspektrum von Rinderinsulin, aufgenommen mit dem einstufigen Interface. Vgl. auch Abb. 4-16.*

Die Ergänzung durch eine zweite Pumpstufe, die Verwendung einer Turbomolekularpumpe und die Desolvatisierung durch eine geheizte Kapillare stellen eine wesentliche Verbesserung dar. Basierend auf dem ersten Interface, kann mit dieser Anordnung die Pumpleistung und damit der Gasdurchsatz um etwa eine Größenordnung erhöht werden. Durch die verringerten Drücke steigt die Transmission der Ionen im Bereich des Analysatorkopfes an, so daß auch größere Proteine gemessen werden können. Als Beispiel dazu zeigt Abb. 4-16 das Elektrospray-Spektrum von Rinderinsulin, wie es unter Verwendung der zweistufigen Ausführung registriert wurde. Im Vergleich mit dem am einstufigen Interface aufgenommenen Spektrum in Abb. 4-17 fällt auf, daß die Gesamtintensität der Signale höher ist und daß besonders die Ionen mit höherem m/z eine bessere Transmission erfahren. Dies weist auf die günstigeren Vakuumbedingungen und die verminderte Kollisionshäufigkeit in der zweistufigen Ausführung hin; vgl. Abschnitt 4.1.

Die Desolvatisierung ist durch die direkte, ohmsche Beheizung der Kapillare einfach handzuhaben und gut kontrollierbar. Das Spektrometer ist mit dieser Anordnung sehr schnell vom *standby*-Betrieb auf Meßbereitschaft zu bringen, während bei der einstufigen Ausführung allein die Aufheizung des Stickstoffschildes mehrere Minuten dauert. Durch die Verwendung der Transferkapillare ist die Verschmutzung der Platinblenden sehr gering, was die Standzeit des Gerätes verlängert.

Beide Bauarten arbeiten mit Flußraten bis unter 1 µl min^{-1} bei hoher Empfindlichkeit. Das zweistufige Interface akzeptiert problemlos Flüsse bis über 500 µl min^{-1}; höhere Werte wurden nicht getestet. Um überschüssige Flüssigkeit abzuleiten, erwies sich die in Abb. 2-4 (S. 20) eingezeichnete Prallplatte 2 als sinnvoll. Eine entsprechende Absaugung der Dämpfe sollte ebenfalls vorhanden sein.

Eine mögliche Ergänzung dieses Interfaces, die aber in der vorliegenden Arbeit nicht umgesetzt wurde, ist die Verwendung eines zusätzlichen Stickstoffvorhangs vor dem Eingang der Transferkapillare. Dies würde das Interface vor dem Eindringen von Luftfeuchtigkeit etc. schützen, so daß eine weitere Reduzierung der Kontaminationsgefahr erreicht werden könnte.

Der Sprayer erwies sich als verwendbar für Flußraten von weniger als 1 µl min^{-1} bis über 500 µl min^{-1}. Durch das pneumatisch unterstützte Versprühen von zwei Flüssigkeitsströmen ist es möglich, die Betriebsbedingungen von Elektrospray bzw. Massenspektrometer und Chromatographie weitgehend unabhängig voneinander einzustellen. Besonders bedeutend ist das für die Kopplung mit Trennmethoden, die nur sehr geringe Flüsse liefern, wie z. B. der Kapillarelektrophorese.

Beide Interfaces sind mechanisch recht einfach aufgebaut und können an dem vorhandenen Massenspektrometer verwendet werden. Ein Teil der Versorgungsspannungen, vor allem die Beschleunigungsspannung und die Pusher-(CID-)Spannung, kann aus dem Gerät bezogen und somit auch über die internen Rechner kontrolliert und gesteuert werden. Ein zusätzliches Netzteil ist für die Beheizung der Kapillare erforderlich.

Wartungsarbeiten sind besonders in der zweistufigen Ausführung nur selten erforderlich und durch die modulare Bauweise leicht durchführbar.

5 Charakterisierung des Elektrosprays und des Interface

5.1 Charakterisierung des Sprays

5.1.1 Aufbau der Vorversuche

Ein Elektrospray-Experiment kann mit wenigen Mitteln nachvollzogen werden. In einem solchen Versuch wird eine Lösung mit einem Fluß von einigen Mikrolitern pro Minute durch eine feine Stahlkapillare, beispielsweise eine Injektionsnadel, gepumpt. In einigen Zentimetern Entfernung befindet sich eine geerdete Gegenelektrode, z. B. eine Metallplatte.

Messungen zur Charakterisierung des Sprayverhaltens wurden mit der in Abb. 5-1 skizzierten Anordnung durchgeführt. Dabei konnten die Vorgänge an der Kapillarenspitze mit einem kleinen Fernrohr verfolgt werden; der Strom zur Auffängerplatte wurde mit einem Oszillografen registriert. Die verschiedenen Stadien der Tropfenbildung an der Sprayer-Nadel und die Abhängigkeit des Stromflusses von diversen Kenngrößen wurden aufgezeichnet.

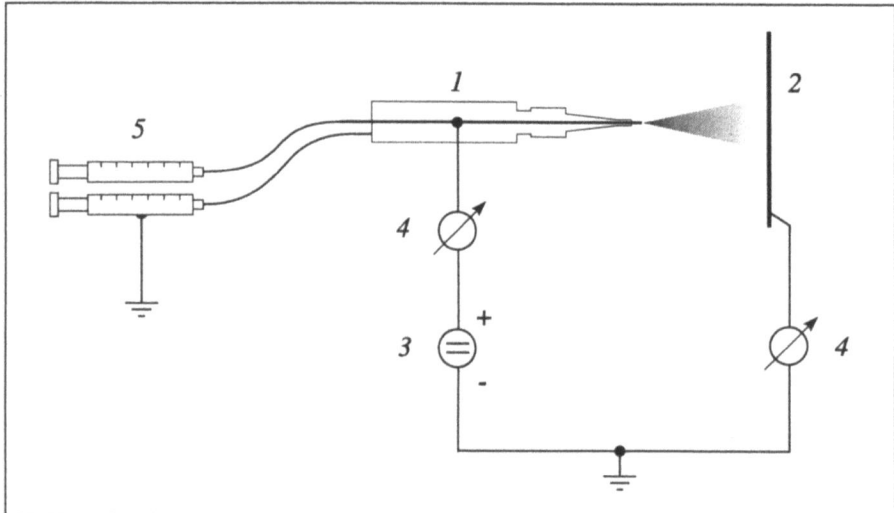

Abb. 5-1 *Experimenteller Aufbau, vgl. auch Abb. 5-6 (S. 83). 1 Zerstäuber, 2 Auffängerplatte, 3 Hochspannungsnetzteil, 4 Strommessung, 5 Spritzenpumpe für Analyt und makeup flow.*

Die verwendeten Bauteile waren identisch mit den am Massenspektrometer eingesetzten, lediglich das Bezugspotential wurde für die folgenden Messungen auf Erdpotential gehalten. Als Testsubstanz wurde Gramicidin S in Methanol und für den *sheath flow* Methanol verwendet. Wenn nicht anders erwähnt, betrugen die Flußraten 5.2 bzw. 2.6 µl min^{-1}.

Die angegebenen Potentiale wurden während des Hochregelns der Betriebsspannung gemessen; beim Absenken tritt meist eine Hysterese von mehreren 100 V auf, so daß die genauen Werte stark von den experimentellen Bedingungen abhängen können. Im folgenden wird stets der Strom von der Zerstäubereinheit als Nadelstrom, der zur Gegenelektrode als Auffängerstrom bezeichnet.

5.1.2 Ergebnisse

Erhöht man, von Null ausgehend, das Potential der Kapillare, so mißt man zunächst einen linear mit der Spannung ansteigenden Nadelstrom. Dies ist auf den ohmschen Widerstand der verwendeten Lösung zurückzuführen, über die ein Strom von einigen Nanoampere zur geerdeten Spritzenpumpe (*5* in Abb. 5-1) fließt. In der vorliegenden Anordnung errechnet sich dieser Widerstand zu etwa 25...30 GΩ.

Die aus der Kapillare austretende Flüssigkeit bildet zunächst einen hängenden Tropfen, der bei niedriger Spannung senkrecht abfällt. Bei steigender Potentialdifferenz beschreiben die Tropfen eine Wurfparabel, d. h. sie erhalten eine Geschwindigkeitskomponente in Richtung zur Gegenelektrode. Ab etwa 2.2 kV liegt der Tropfen horizontal und zieht sich stark in die Länge, so daß sich ein Flüssigkeitskegel ausbildet.

Bei 2.7 kV reißen von der Spitze dieses Kegels sichtbare Tröpfchen ab; dieser Punkt wird in der Literatur als Beginn des Elektrosprays bezeichnet [71]. Ab hier liegt kein ohmsches Verhalten mehr vor, d. h. der Stromfluß ist nicht mehr proportional zur Spannung. Die auf den Tropfen mitgeführte Ladung löst beim Auftreffen auf die Auffängerplatte einen Strom aus. Beobachtet man den zeitlichen Verlauf dieses Signals, so zeigt sich ein impulsartiger Stromfluß, wobei sich die einzelnen Impulse aus mehreren, unterscheidbaren "Ladungspaketen" zusammensetzen. Offensichtlich treffen nach der Ablösung *eines* Tropfens von der Kapillare *mehrere* Tropfen auf der Auffängerplatte auf, was auf eine (coulombsche) Aufspaltung der Tropfen hinweist (vgl. auch Abb. 1-1, S. 7). Wegen der deutlich erkennbaren Tropfen wurde dieser Zustand auch als *rain mode* beschrieben [71].

Bei weiterer Erhöhung der Spannung werden die Tröpfchen kleiner, bis schließlich bei ca. 3.2 kV ein Zustand erreicht wird, bei dem ein gleichmäßiger, feiner Nebel entsteht. Durch die rasche Verdampfung sind bereits nach wenigen Millimetern keine Tröpfchen mehr zu erkennen. Im angelsächsischen Sprachgebrauch wird diese Betriebsart als *fog mode* [71, 72] oder als *low-voltage mode* [14] bezeichnet. Je nach Versuchsaufbau liegt der Auffängerstrom im Bereich von 150...300 nA; mit den vorhandenen Meßgeräten zeigte sich ein ruhiger Stromfluß.

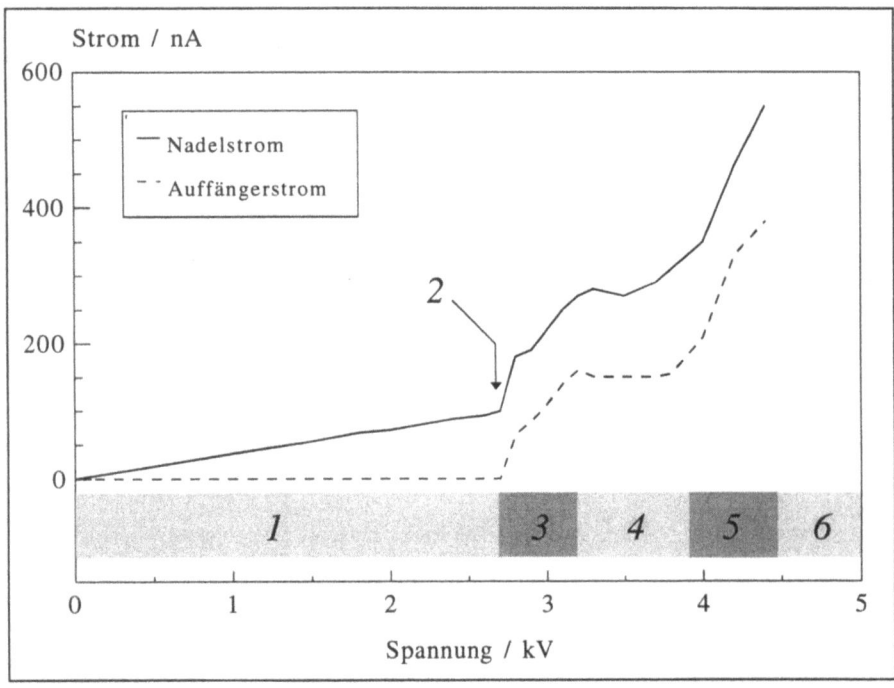

Abb. 5-2 *Beim Erhöhen der Spannung werden die gekennzeichneten Bereiche durchlaufen: 1 Ohmsches Verhalten, 2 Beginn des Elektrosprays, 3 rain mode, 4 "Plateau" und fog mode, 5 multitip mode, 6 Auftreten von Corona-Entladungen.*

Bemerkenswert ist, daß das System in diesem Zustand eine ausgeprägte Hysterese zeigt: Ändert man das Potential der Kapillare um einige hundert Volt, so bleiben der Strom und die Beschaffenheit des Sprays nahezu konstant, selbst wenn die Spannung wieder unter den Wert abgesenkt wird, der zum Eintritt des Elektrospray-Prozesses erforderlich war. Im Strom-Spannungs-Diagramm (Abb. 5-2) wird daher ein "Plateau" erreicht.

Ab etwa 3.8 kV wird die Ladungsdichte im Bereich der Spitze so hoch, daß der Flüssigkeitskegel instabil wird und zunächst in zwei, dann in mehrere Flüssigkeitsspitzen aufbricht, die in einer chaotischen Bewegung am Rand der Kapillare entlangwandern. Dieser Zustand wird in der Literatur als *multitip mode, rim mode* [73] oder auch als *high-voltage mode* [14] beschrieben. Da jetzt mehrere Emissionsquellen für die Ionen zur Verfügung stehen, steigt der gemessene Strom an. In dieser Betriebsart ist das Maximum der Ionendichte am Rand des Spraykegels zu finden, während es beim *fog mode* im Zentrum liegt [62, 73, 74]. Durch die hohe Raumladung und die gegenseitige Abstoßung der Tropfen erfolgt eine räumliche Veränderung der Ladungsdichte.

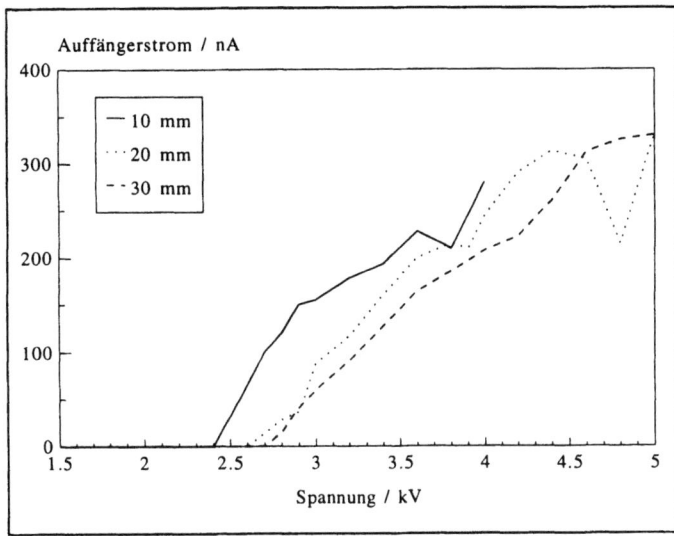

Abb. 5-3 *Abhängigkeit des Stromflusses vom Abstand zwischen Sprayer und Auffängerplatte. Dargestellt ist nur der Auffängerstrom.*

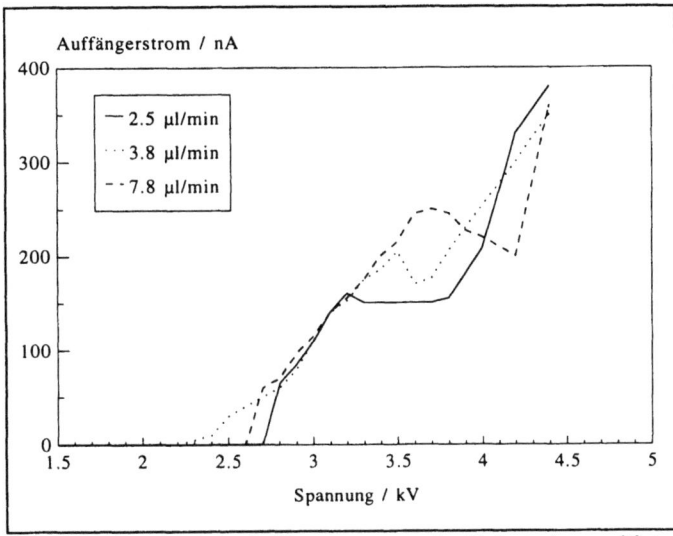

Abb. 5-4 *Abhängigkeit des Auffängerstroms von der Flußrate der zugeführten Lösung.*

Oberhalb von etwa 4 kV steigt der Strom steil an. Die zugeführte Lösung wird sofort vollständig zerstäubt, so daß sich der Meniskus der Flüssigkeit in die Kapillare zurückzieht und die Spitze der Nadel trocken erscheint. In diesem Spannungsbereich zünden "stille" Corona-Entladungen, die rasch wieder erlöschen; auf dem Oszillografen sind periodische Spikes erkennbar. Bei weiterer Erhöhung des Potentials wird die Feldstärke schließlich so hoch, daß eine deutlich sicht- und hörbare Plasmaentladung zündet.

Die Grundcharakteristik dieser Strom-Spannungs-Kurve bleibt, unabhängig von den äußeren Bedingungen, gleich, lediglich die absoluten Werte ändern sich. In mehreren Meßreihen wurde der Einfluß verschiedener Parameter untersucht.

So beeinflußt der Abstand zwischen Zerstäuber und Gegenelektrode die Feldstärke, die an der Spitze der Kapillare herrscht. Verringert man diesen Abstand, so steigt – bei ansonsten unveränderten Potentialen – die lokale Feldstärke an. Damit verschiebt sich die gesamte Kurve hin zu niedrigeren Spannungen, und sowohl das Einsetzen des Elektrosprays als auch der Übergang zum *multitip mode* erfolgen früher (Abb. 5-3). Bei zu geringem Abstand wird die kritische Feldstärke einer Corona-Entladung erreicht; wenn nicht anders erwähnt, wurde deshalb mit Abständen von 20...40 mm gearbeitet.

Erhöht man die Flußrate, so verschiebt sich die Lage des "Plateaus" zu höheren Spannungen (Abb. 5-4). Die erzielbaren Auffängerströme sind nur geringfügig höher.

Messungen am Massenspektrometer. In ähnlicher Weise lassen sich die verschiedenen Phasen der Tropfenbildung auch unmittelbar am Massenspektrometer untersuchen. Abb. 5-5 zeigt das Molekülion von Tetrabutylammoniumhydroxid, *m/z* 242, mit seinen beiden ^{13}C-Isotopenpeaks, aufgenommen bei verschiedenen Potentialdifferenzen zwischen Spraykapillare und Gegenelektrode.

Bei 2.3 kV Differenz (Abb. 5-5a) befindet man sich im Bereich des *rain mode*. Das Bild zeigt, daß die Freisetzung der Ladungsträger in diesem Stadium intermittierend erfolgt. Im vorliegenden Fall errechnet sich aus der Aufnahmegeschwindigkeit und der Anzahl der Peaks eine Freisetzungsrate von rund 170 Hz.

Im *fog mode* (Abb. 5-5b) ist ein Zustand erreicht, in dem die einzelnen Ladungsträger nicht mehr unterscheidbar sind. Dies ist die normale Betriebsweise einer Elektrospray-Ionenquelle.

Abb. 5-5c zeigt das Signal bei einer Differenz von 8.3 kV. Die instabile Peakform und die um eine Größenordnung verminderte Intensität weisen auf das Auftreten von Corona-Entladungen hin, deren rasch schwankendes Feld eine zeitlich unregelmäßige Freisetzung der Ionen aus der Lösung bewirkt. Wenn diese Entladungen im normalen Routinebetrieb auftreten, kann das gezündete Plasma den Analyten oxidieren, was z.B. zur Fehlinterpretation von Proteinsequenzen führen kann [75]. Daher ist im praktischen Betrieb eine regelmäßige Überwachung der Ströme und der Peakform ratsam.

Da die Erzeugung des Sprays beim Betrieb am Massenspektrometer bei Spannungen oberhalb der Beschleunigungsspannung des Sektorfeldgerätes erfolgt, sind die gemessenen Absolutpotentiale um den Betrag dieser Beschleunigungsspannung höher als bei den eingangs beschriebenen Versuchen. Daß die gemessenen Potential*differenzen* ebenfalls größer sind, dürfte auf den stärkeren Einfluß von Streufeldern (wie z.B. Erdpotential an den meisten Geräteteilen) zurückzuführen sein. Die beobachteten Effekte sind jedoch in beiden Fällen identisch.

5.1.3 Diskussion

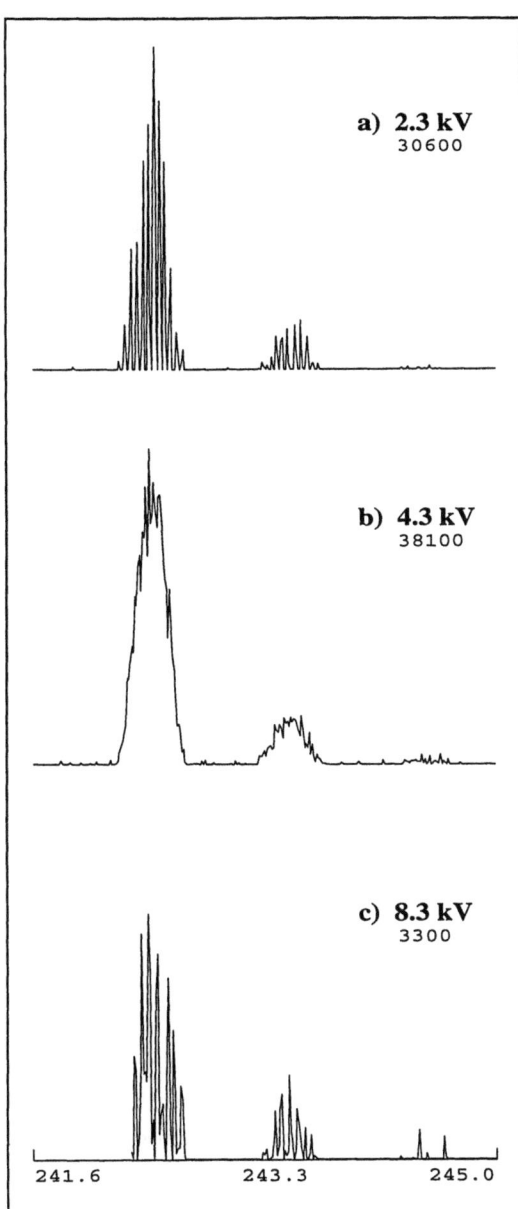

Abb. 5-5 *Das Signal des Molekülions von Tetrabutylammoniumhydroxid, aufgenommen bei verschiedenen Elektrospray-Spannungen. Acquisition mit 2 Hz; angegeben sind die Potentialdifferenzen und die Intensität.*

Im folgenden soll schematisch die Freisetzung positiv geladener Ionen betrachtet werden. Die ablaufenden Prozesse sind teilweise noch umstritten; einige Diskussionen und mathematische Behandlungen finden sich beispielsweise in [22, 73, 76-78].

In der zugeführten Lösung sind zunächst gleich viele positive und negative Ladungen enthalten. Legt man die Kapillare auf positives Potential, so driften negativ geladene Ionen zur Wandung, wo sich eine elektrische Doppelschicht ausbildet (vgl. [55b]), die das Potential zunächst abschirmt. Bei weiterer Erhöhung der Spannung reicht diese Abschirmung nicht mehr aus, so daß das elektrische Feld in die Lösung durchgreift. Dabei treten elektrophoretische Wechselwirkungen zwischen den freien Ladungsträgern auf, die einen Fluß dieser Ionen zur Oberfläche der Lösung bewirken. Dies führt zu einer Ansammlung von positiven Ladungen an der Spitze des Flüssigkeitstropfens [79a]. – Kebarle hat gezeigt, daß diese elektrophoretische Ladungstrennung energetisch wesentlich günstiger ist als beispielsweise die Ionisation durch Entfernung eines Elektrons aus einem neutralen Molekül [22]. Das bedeutet, daß die in der Gasphase beobachteten Ionen bereits in der flüssigen Phase vorliegen oder entstehen müssen; das Erscheinungsbild der Spektren ist also keineswegs unabhängig von der Art der Lösung.

Zerstäubung der Flüssigkeit. Der im Versuch beobachtete Flüssigkeitskonus, der sich beim Austritt der Flüssigkeit am Ende der Kapillare ausbildet, ist als Taylor-Konus [80] bekannt. Dies ist ein Flüssigkeitskegel, in dem ein Gleichgewicht zwischen der Oberflächenspannung und den vom äußeren elektrischen Feld hervorgerufenen Kräften besteht; er bietet den besten Kompromiß zwischen Ladungsdichte und Kapillarkräften. Die genaue Form, die die Flüssigkeit annimmt, hängt von den jeweiligen Versuchsbedingungen ab. In der Literatur finden sich Daten, die von einem tropfenförmigen Zustand [78] über einen exakten geometrischen Kegel [81a] bis zu einer spitz zulaufenden, eher konkaven Form [79, 81b] reichen.

Bei der Annäherung an die Spitze dieses Konus wächst die Feldstärke an. Dadurch entstehen Scherkräfte auf der Oberfläche der Flüssigkeit, die eine Strömung vom Rand der Kapillare zur Spitze des Konus hin bewirken. Dadurch werden einzelne Flüssigkeitselemente beschleunigt, was bei geeigneter Feldstärke zur Emission einzelner Tropfen oder eines feinen Flüssigkeitsfadens, eines sogenannten *jets*, führt. Im letztgenannten Fall zerstäubt dieser Faden in wenigen Millimetern Entfernung von der Kapillare. In beiden Fällen wird ein feiner Spray erzeugt, der aus hochgeladenen Tröpfchen mit Durchmessern im Bereich von wenigen Mikrometern besteht. Unter welchen Bedingungen die Emission der Tröpfchen direkt von der Spitze oder über einen *jet* erfolgt, ist unklar; in der Literatur werden beide Varianten berichtet und mit Fotos belegt (z. B. [81]). In den hier beschriebenen Experimenten konnten ebenfalls beide Emissionsarten beobachtet werden, wobei die Emission ohne die Ausbildung des Flüssigkeitsfadens häufiger auftrat. Die Entstehung eines solchen Filaments scheint bei hoher Viskosität der Lösung und niedrigen Betriebsspannungen bevorzugt zu sein, während im umgekehrten Fall die Emission unmittelbar von der Spitze des Konus erfolgt. Dies erklärt auch, warum bei der elektrohydrodynamischen Zerstäubung (mit Glycerol als viskoser Matrix) häufiger ein solcher Faden beobachtet wird als bei Elektrospray.

Der Öffnungswinkel des Konus wird durch die Emission flacher, und die freigesetzte Ladungswolke schirmt das Feld im Bereich der Flüssigkeitsspitze ab, so daß sich wieder eine geschlossene Oberfläche bildet. Der gesamte Prozess wiederholt sich periodisch. Mit zunehmender Spannung wird der Öffnungswinkel des Konus flacher, bis sich die Oberfläche der Lösung schließlich ganz in die Kapillare zurückzieht.

Bei hoher Potentialdifferenz zwischen Sprayer und Gegenelektrode, im Bereich des *fog mode* und darüber, wird die Wiederholfrequenz so hoch, daß der Stromfluß kontinuierlich erscheint. Daß es sich nach wie vor um die Emission diskreter Ladungsträger handelt, wurde von Rolando *et al.* gezeigt [82]. Die Autoren ermittelten eine Freisetzungsrate der Ladungsträger von rund 300 kHz, konnten aber ebenfalls nicht unterscheiden, ob es sich um die Emission von einzelnen Ionen oder von Tröpfchen handelt [82]. Auffällig ist, daß im Bereich des "Plateaus" der elektrische Widerstand mit der Spannung zunimmt. Das System ist offenbar bestrebt, in diesem Sprayzustand zu verbleiben. Zusammen mit dem ruhigen Stromfluß und der beschriebene Hysterese weist dies darauf hin, daß hier ein besonders stabiler Zustand, auch im thermodynamischen Sinne, vorliegen muß [71].

Die Größenverteilung der Tropfen ist unter diesen Bedingungen nahezu monodispers und liegt für Methanol bei etwa 3 μm Durchmesser [81a]. Bei einer Flußrate von 10 μl min^{-1} errechnet sich daraus eine Freisetzungsrate von rund $1.2 \cdot 10^7$ Tröpfchen pro Sekunde. Mit einem Strom von 200 nA ergibt sich ihre durchschnittliche Ladung zu etwa $1.7 \cdot 10^{-14}$ C, was rund 10^5 Ladungsträgern je Tropfen entspricht.

Rayleigh-Limit. Ein solcher geladener Tropfen ist stabil, solange sich die Kräfte kompensieren, die durch die Abstoßung der Ladungen einerseits und durch die Oberflächenspannung andererseits auftreten. Die coulombsche Kraft F zwischen zwei gleich großen Ladungen q, die im Abstand r durch ein Medium mit der Dielektrizitätskonstante $\varepsilon_0 \varepsilon_r$ getrennt sind, berechnet sich nach dem Grundgesetz der Elektrostatik zu

$$F = \frac{q^2}{4\pi\varepsilon_0\varepsilon_r} \frac{1}{r^2}$$

und ist so gerichtet, daß sie versucht, den Abstand zwischen den Ladungen (und damit auch die Oberfläche des Tropfens) zu vergrößern. Dagegen wirkt durch die Oberflächenspannung γ die Kraft[*] [55c]

$$F = 4\pi r \gamma$$

die ins Innere des Tropfens gerichtet ist, so daß er zusammengehalten wird. Im Gleichgewicht müssen diese beiden Kräfte betragsmäßig gleich sein. Damit errechnet sich die Ladung auf einem solchen Tropfen zu

$$q = \sqrt{16\pi^2\varepsilon_0\varepsilon_r\gamma r^3}$$ Gl. 5-1

---

[*]Bei dieser Rechnung ist zu beachten, daß es sich bei einem Tropfen um eine Vollkugel handelt. In den meisten Lehrbüchern wird der Zusammenhang zwischen Oberflächenspannung und Kraft jedoch über eine Hohlkugel hergeleitet, was zur Verdopplung der Fläche und damit der Kraft führt.

Dies ist das Stabilitätskriterium für einen geladenen Tropfen. Rayleigh selbst [21] ermittelte die nach ihm benannte Gleichung auf einem anderen Weg, indem er die Deformation einer Kugelfläche über eine Reihenentwicklung untersuchte. In der Literatur finden sich andere Beschreibungen, die nicht immer korrekt sind; so wird häufig die relative Dielektrizitätskonstante ε_r ignoriert.

Für die maximale Ladung auf den oben erwähnten Methanoltröpfchen ergibt sich nach Gl. 5-1 mit ε_r = 32.6 und γ = 22.6 mN m^{-1} ein Wert von rund $6 \cdot 10^{-14}$ C, was in derselben Größenordnung liegt wie der aus den experimentellen Daten ermittelte Wert. Zu berücksichtigen ist, daß Gl. 5-1 unter der Annahme einer homogenen Ladungverteilung hergeleitet wurde; die Gleichung gilt daher zunächst nur für makroskopisch beobachtbare Tropfen. In der Realität sammeln sich die Ladungen bevorzugt an der Oberfläche des Tropfens an (vgl. S. 6), was die coulombschen Kräfte vergrößert und dementsprechend zu einer etwas geringeren "erlaubten" Ladung führt. Damit verringert sich der nach Gl. 5-1 berechnete Wert etwas, wodurch die Übereinstimmung mit den experimentellen Daten weiter verbessert wird.

Die Zerstäubung der Flüssigkeit aus der Kapillare erfolgt also am Rayleigh-Limit. Wegen des Einflusses der Oberflächenspannung hängt das zu Beginn der Zerstäubung erforderliche Potential auch von der jeweiligen Flüssigkeit ab. Eine mathematische Beziehung, die dieses Potential beschreibt, wurde von Smith ursprünglich für elektrohydrodynamische Prozesse hergeleitet [77] und später von Kebarle und Tang experimentell bestätigt [69, 83].

Vorgänge in der Kapillare I. 1991 zeigten Kebarle und Mitarbeiter [69, 84], daß die Kapillare eine elektrochemische Zelle verkörpert, wie in Abb. 5-6 dargestellt. Durch die Entfernung von positiven Ladungen bleibt im Bereich der Kapillare eine negative Überschußladung zurück; die Gegenelektrode wird beim Auftreffen der Ionen positiv aufgeladen. Beides zusammen bewirkt einen Stromfluß, bei dem Elektronen von der Kapillare über das Netzteil zur Gegenelektrode fließen. Das bedeutet, daß in der Kapillare eine elektrochemische Oxidation und an der Gegenelektrode eine Reduktion stattfindet.

Diese Oxidationsvorgänge führen beim Betrieb einer Elektrospray-Einrichtung zu einer allmählichen, elektrochemischen Korrosion der Spraykapillare. Besonders bei niedrigen Flüssen (unterhalb von etwa 1 µl min^{-1}) kann eine Gasentwicklung in der Kapillare beobachtet werden. Ähnliche Vorgänge wurden von mehreren Autoren berichtet (z.B. [78]), jedoch meist nicht näher untersucht. Die Prozesse lassen sich wie folgt beschreiben:

$$M \rightarrow M^{n+} + n\,e^-$$
$$4\,OH^-(aq) \rightarrow O_2 \uparrow + 2\,H_2O + 4\,e^-$$

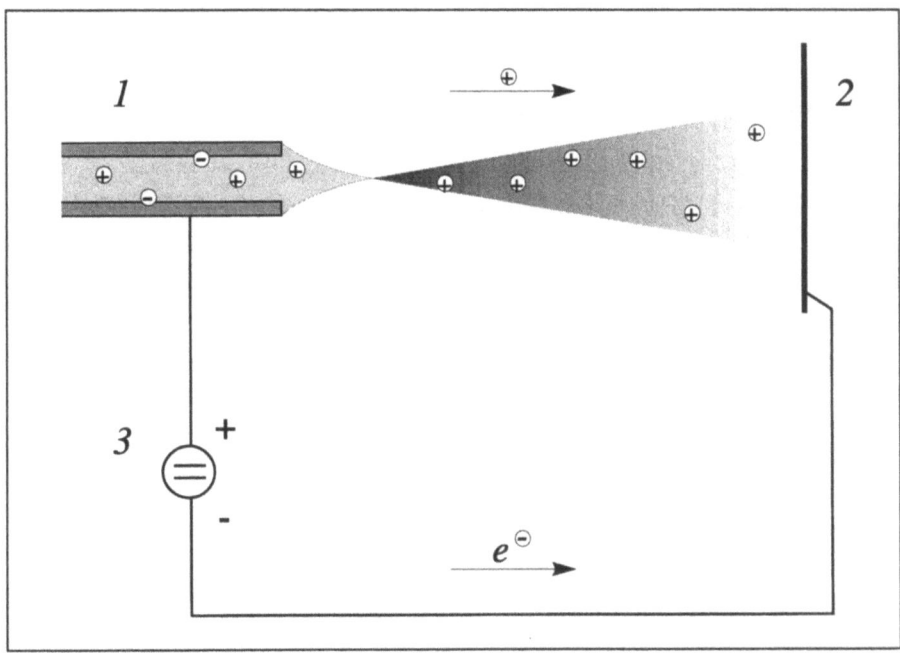

Abb. 5-6 *Schematische Darstellung des Stromkreises bei Elektrospray, nach [84]. Gezeigt ist die Freisetzung positiv geladener Ionen. – 1 Kapillare, 2 Auffängerplatte bzw. Gegenelektrode, 3 Hochspannungsversorgung.*

Die Bedeutung dieser Redoxvorgänge ist erheblich, sowohl unter chemischen als auch unter gerätetechnischen Aspekten. Während sie unter normalen Elektrospray-Arbeitsbedingungen in den meisten Fällen nicht störend wirken, können Probleme auftreten, wenn mit sehr geringen Substanzmengen bei gleichzeitig niedrigen Flüssen gearbeitet wird. Dies ist vor allem bei der Kopplung mit Mikro-Trennmethoden, wie z.B. der Kapillarelektrophorese, zu beachten. Van Berkel *et al.* [76] haben am Beispiel von Porphyrinen und polyzyklischen aromatischen Kohlenwasserstoffen gezeigt, daß bei Verwendung von aprotischen Lösungsmitteln nach dieser elektrochemischen Oxidation des Analyten das Radikalkation beobachtet werden kann.

5.2 Einfluß von Konzentration und Flußrate

5.2.1 Experimente und Ergebnisse

Zur Charakterisierung des Interfaces wurden Untersuchungen über den Einfluß von Analytkonzentration und Flußrate durchgeführt. Als Testsubstanz wurde Reserpin gewählt, da diese Verbindung über einen breiten Bereich der Desolvatisierungsspannung fast nur das protonierte Molekülion [M+H$^+$] liefert; Abb. 5-7. Durch Aufzeichnung einer einzigen Massenspur läßt sich so fast die Gesamtheit aller gebildeten Ionen erfassen, da keine Verluste durch die Bildung von Fragmenten auftreten.

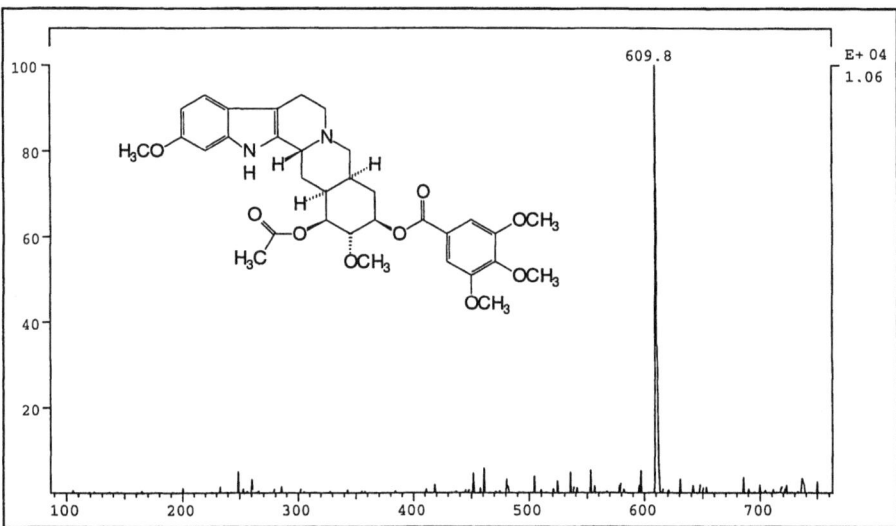

Abb. 5-7 Struktur und Massenspektrum von Reserpin. Drei Scans aufsummiert, verbraucht wurden 4.6 ng Substanz (7.6 pmol). Flußrate 2.5 µl min^{-1}, 4.6 µg ml^{-1} gelöst in essigsaurem Methanol.

Reserpin ist ein Vertreter der Rauwolfia-Alkaloide, die aus den Wurzeln der Indischen Schlangenwurzel, *rauwolfia serpentina*, gewonnen werden; zu dieser Gruppe zählt beispielsweise auch das Yohimbin. Die Verbindung wird pharmazeutisch unter anderem bei Hypertonie und als Sedativum eingesetzt. Sie steht allerdings im Verdacht, carcinogen zu sein [85].

In den Versuchen wurden Lösungen von Reserpin mit *flow injection* zugeführt und das Signal des protonierten Molekülions (*m/z* 609) im MID-Modus aufgezeichnet. Die so erhaltenen Massenchromatogramme wurden integriert und sowohl die Peakflächen als auch die Peakhöhen ausgewertet. Da die Aufnahme der Daten mit konstanter Abtastfrequenz erfolgte, wird die Zahl der Meßpunkte über einen Peak bei höherer Flußrate zwangsläufig geringer, was

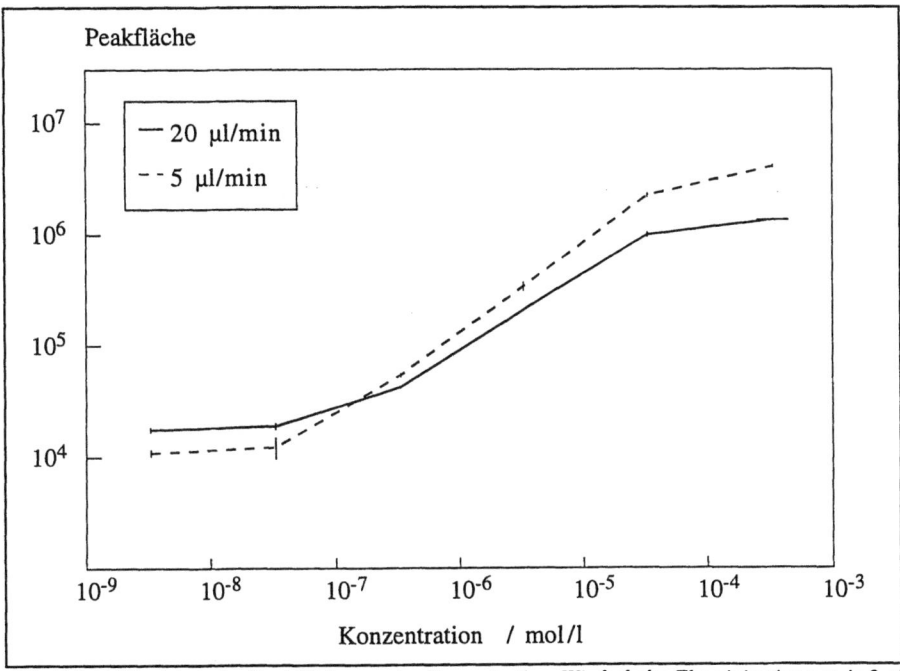

Abb. 5-8 *Abhängigkeit der Peakfläche von der Konzentration. Wiederholte Flow injection von je 2 µl Reserpinlösung (2 pg...200 ng µl⁻¹), Laufmittel Methanol, Detektion MID.*

Grafik	Regressionsgerade			relative Standardabweichung			
	Steigung	*Y-Abschnitt*	*Korrelation*	*20 pg*	*40 pg*	*200 pg*	*400 pg*
a	6.2	476	0.9844	21.8%	33.6%	4.4%	13.8%
b	7.0	392	0.9996	28.5%	9.6%	11.7%	1.6%
c	7.6	262	0.9834	13.8%	6.0%	14.6%	3.9%

Die Steigung der Ausgleichsgeraden ist in "Peakhöhe pro pg" angegeben und ist damit ein Maß für die Empfindlichkeit des Systems. Der Y-Achsenabschnitt (Peakhöhe) entspricht dem Blindwert. Alle Daten stammen aus je vier Messungen.

Tabelle 5-1 *Statistische Daten zur Abhängigkeit des Reserpin-Signals von der Konzentration. Vergleiche dazu auch Abb. 5-9 und Abb. 5-10.*

wiederum zu einem kleineren Wert für die Peakfläche führt (vgl. Abb. 5-12). Bei einem Vergleich von Daten, die mit verschiedenen Flußraten aufgenommen wurden, muß daher die Auswertung über die Peak*höhen* erfolgen. — Wenn nicht anders erwähnt, beziehen sich die beschriebenen Messungen auf das zweistufige Interface.

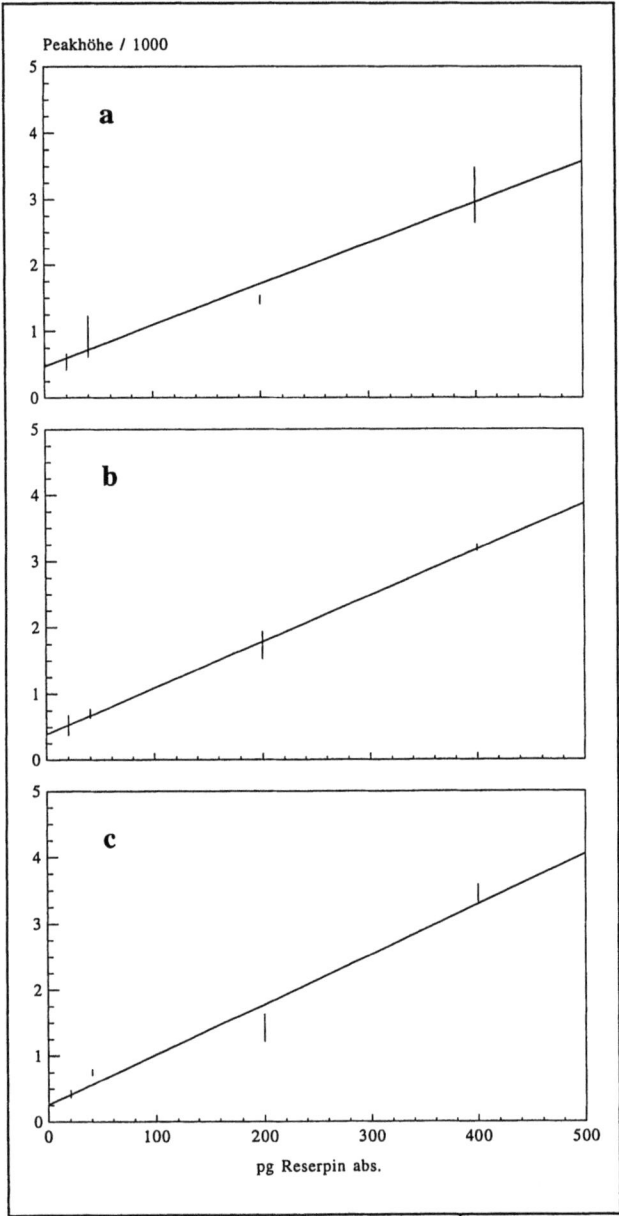

Abb. 5-9 *Kalibrierkurven für Reserpin. a) 5 µl min^{-1}, ohne sheath flow. b) 5 µl min^{-1}, mit sheath flow. c) 25 µl min^{-1}, mit sheath flow. Vgl. auch Tabelle 5-1.*

Abb. 5-8 zeigt die gemessene Abhängigkeit von der Konzentration. Bei 5 µl min^{-1} sind Peakfläche und -höhe im Bereich von $5 \cdot 10^{-8}$ mol l^{-1} bis etwa $5 \cdot 10^{-5}$ mol l^{-1} proportional zur Konzentration. Darunter wird der Blindwert erreicht; darüber geht das Signal in die Sättigung. Mit Erhöhung der Flußrate auf 20 µl min^{-1} wird der dynamische Bereich kleiner, außerdem nimmt die Empfindlichkeit geringfügig ab, wie aus der etwas flacheren Steigung zu ersehen ist.

Im Bereich geringer Substanzmengen wurden ausführliche Messungen vorgenommen, um auch den Einfluß des *sheath flow* zu studieren. Um Verdünnungseffekte auszuschließen, wurden jeweils gleiche Volumina, aber unterschiedliche Konzentrationen verwendet. Die Ergebnisse sind in Abb. 5-9 und Tabelle 5-1 (S. 85) zusammengestellt. Die relativ hohen Standardabweichungen sind darauf zurückzuführen, daß diese Messun-

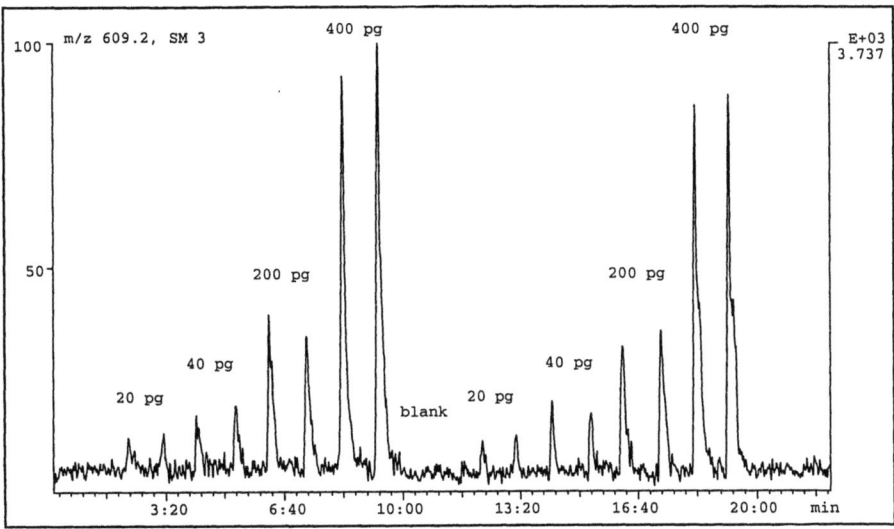

Abb. 5-10 *Flow injection von Reserpin an der Nachweisgrenze. Bedingungen siehe Abb. 5-11, angegeben sind die absoluten Mengen pro Injektion (je 2 µl). Vgl. dazu auch Abb. 5-9c.*

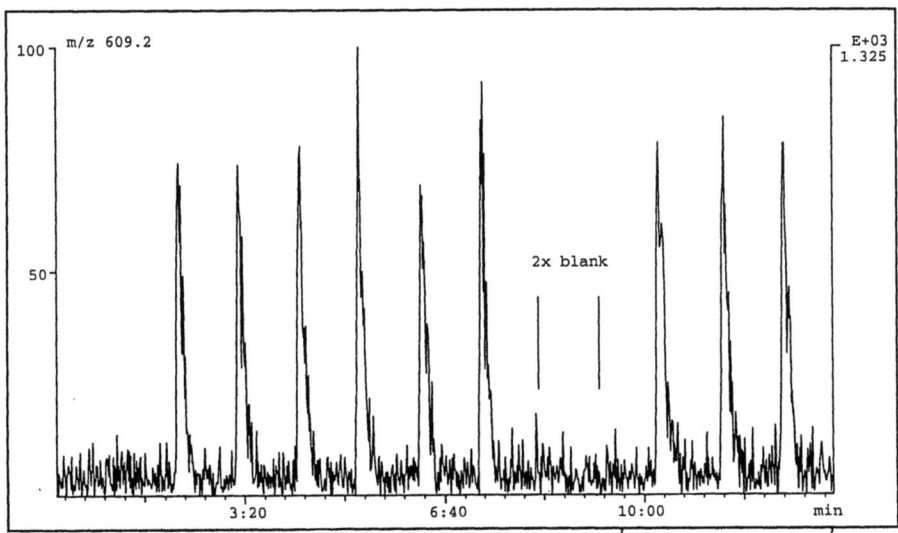

Abb. 5-11 *Wiederholte Injektion von je 100 pg Reserpin. 25 µl min^{-1} Methanol, 2.5 µl min^{-1} sheath flow, Detektion MID. Standardabweichung Fläche 6.3%, Höhe 12%. Keine Glättung.*

gen in der Nähe der Nachweisgrenze durchgeführt wurden, so daß sich das Rauschen bereits in der Auswertung bemerkbar macht. Aus Tabelle 5-1 ist zu ersehen, daß die Fehler bei kleineren Konzentrationen entsprechend zunehmen, was zu einer schlechteren Korrelation führt.

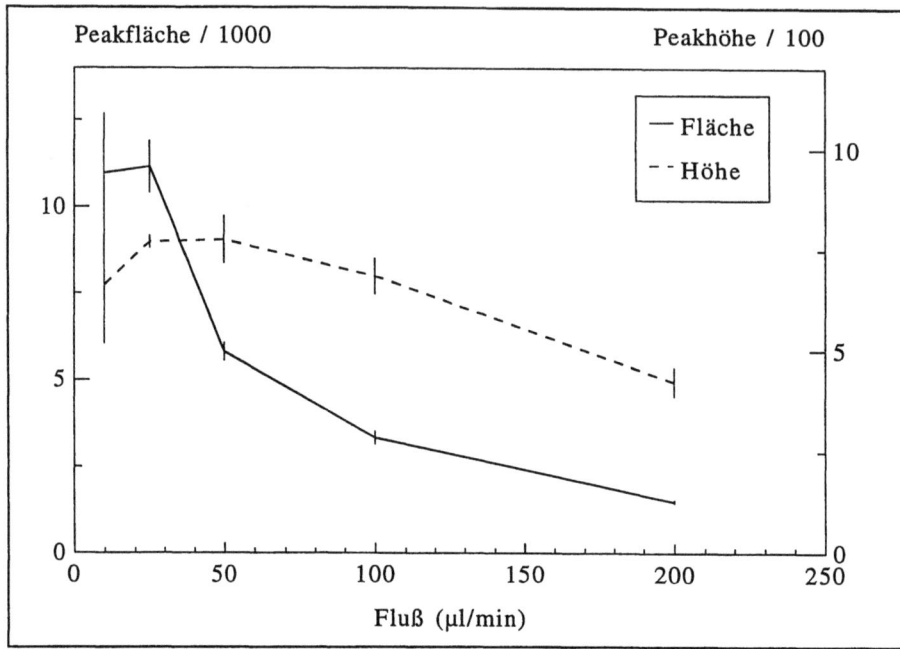

Abb. 5-12 *Abhängigkeit der Peakfläche und -höhe vom Flow. - Flow injection von je 164 fmol Reserpin (2 µl Lösung mit 50 pg µl^{-1}, bzw. 82 nmol l^{-1}). Laufmittel Methanol, Detektion MID.*

Arbeitet man ohne *sheath flow* und bei niedriger Flußrate (Abb. 5-9a), so ist die Standardabweichung erheblich, was darauf hinweist, daß der Spray instabil ist. Bei Verwendung des *sheath flow* (Abb. 5-9b) ist die Empfindlichkeit nur leicht erhöht, die Reproduzierbarkeit wird jedoch besonders bei größeren Substanzmengen wesentlich besser. Sämtliche Meßwerte aus dieser Reihe liegen — im Rahmen der Standardabweichung — auf einer Regressionsgeraden.

Erhöht man die Flußrate von 5 auf 25 µl min^{-1}, so ist die Empfindlichkeit weiterhin fast unverändert; Abb. 5-10 zeigt das Chromatogramm, dessen Meßwerte in Abb. 5-9c dargestellt sind. Die Reproduzierbarkeit ist unter diesen Bedingungen noch gut, die relativen Fehler für die einzelnen Messungen sind vergleichbar mit denen in Abb. 5-9b.

Um die Wiederholbarkeit statistisch weiter abzusichern, wurden Meßreihen wie in Abb. 5-11 durchgeführt, bei denen eine gleichbleibende Stoffmenge mehrfach gemessen wurde. Diese Abbildung zeigt Signale, die durch wiederholte Injektion von je 100 pg (164 fmol) Reserpin an der Nähe der Nachweisgrenze erhalten wurden. Die Standardabweichung der Peakflächen liegt bei 6.3%, die der Peakhöhen bei 12%. Aus der Abbildung läßt sich ein Signal-Rausch-Verhältnis von 10:1 abschätzen, d.h. unter den gegebenen Bedingungen befindet man sich im

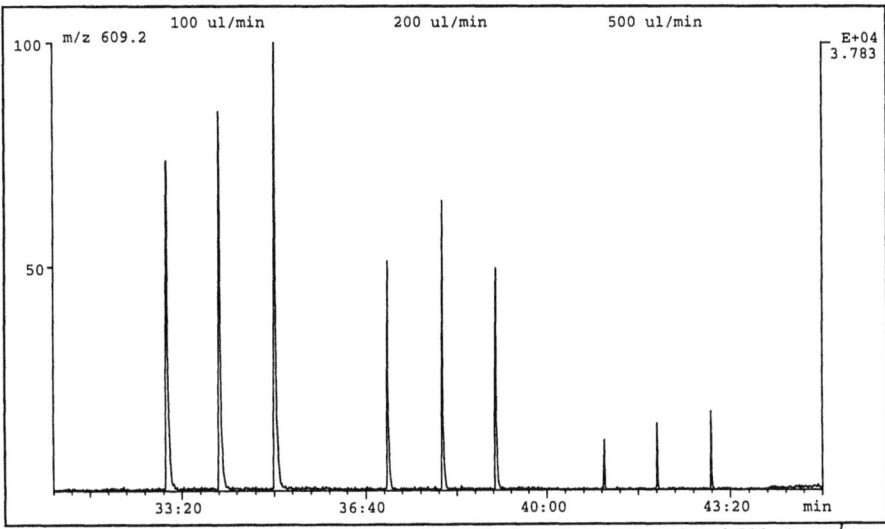

Abb. 5-13 *Flow injection von je 9.3 ng Reserpin bei Flußraten von 100, 200 und 500 µl min^{-1}. Die Standardabweichung der Peakflächen liegt unter 10%, die der Höhen schwankt bis 17%.*

Bereich der Nachweisgrenze. Bei den angegebenen Fehlergrenzen ist zu beachten, daß in die Daten zur Reproduzierbarkeit auch die Unzulänglichkeiten bei der manuellen Injektion eingehen: Um ein möglichst kleines Probenvolumen zu verwenden, wurden stets 2 µl injiziert. Dabei wurde mit partieller Füllung der vorhandenen 5-µl-Probenschleife gearbeitet, so daß sich bereits geringe Schwankungen bei der Abmessung des Volumens auf die gemessenen Peakflächen auswirken.

Der Einfluß der Flußrate wurde über einen Bereich von 10...500 µl min^{-1} gemessen; einige Ergebnisse zeigt Abb. 5-12. Aus den oben erwähnten Gründen sinkt die Peakfläche mit steigender Flußrate; daher wurden hier zum Vergleich auch die Peakhöhen dargestellt.

Bei konstanter Stoffmenge geht die Peakhöhe mit steigendem Fluß allmählich zurück. Auffällig ist hier, daß die Signalintensität unterhalb von etwa 20 µl min^{-1} nur wenig von der Flußrate abhängt. Wie oben bereits festgestellt wurde, wird allerdings der Spray bei sinkender Flußrate ungleichmäßiger, was die Schwankungsbreite der gemessenen Peakflächen vergrößert. Dies kann auch auf den mechanischen Aufbau des Sprayers, insbesondere seiner Spitze, zurückzuführen sein: Bei sehr niedrigen Flußraten und verhältnismäßig dicken Kapillaren läuft die Spitze schnell trocken, so daß die Zerstäubung nicht mehr gleichmäßig erfolgt. Durch die Verwendung sehr feiner Kapillaren kann aber auch in diesem Bereich eine gute Stabilität des Signals erzielt werden [86].

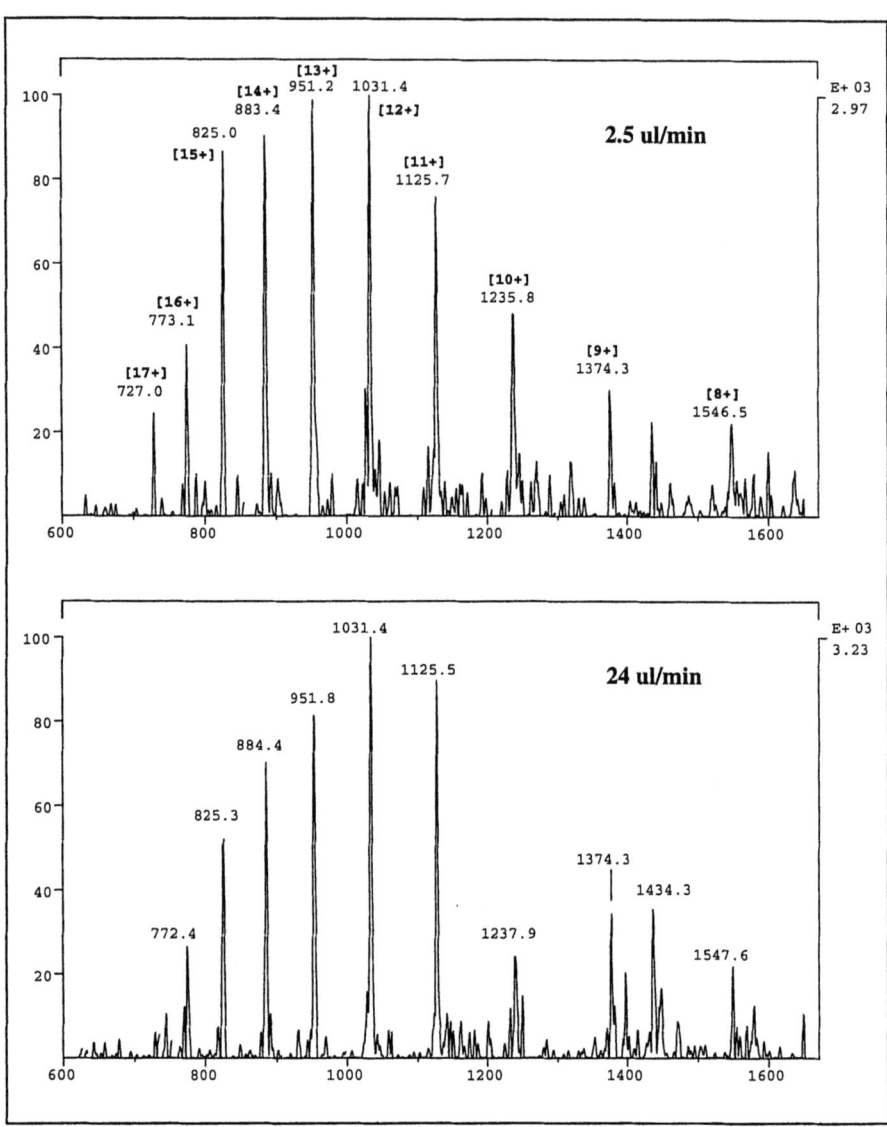

Abb. 5-14 Spektren von Cytochrom c bei verschiedenen Flußraten. Wäßrige Lösung mit 0.2 % TFA, je 8 scans summiert; dies entspricht einem Substanzverbrauch von ca. 160 pmol (oben) und 1.56 nmol (unten).

Während das einstufige Interface nur bis zu einigen 10 µl min^{-1} einsetzbar ist – darüber reicht die Desolvatisierung durch den beheizten Stickstoffvorhang nicht mehr aus, so daß die erste

Blende durch auftreffende Tröpfchen verstopfen kann –, können mit der zweistufigen Anordnung bis über 500 µl min^{-1} verwendet werden. Abb. 5-13 zeigt ein Beispiel; hier wurde die Flußrate zwischen den Injektionen bis auf 500 µl min^{-1} erhöht. Unter diesen Bedingungen wurden allerdings weniger als fünf Meßpunkte pro Peak erhalten, so daß diese Daten nicht für eine quantitative Auswertung herangezogen wurden.

Das Erscheinungsbild der Spektren bei verschiedenen Flußraten zeigt Abb. 5-14 (S. 90) am Beispiel des Cytochrom c. Die Spektren wurden mit einer wäßrigen Lösung der Konzentration 16.2 µmol l^{-1} bei Flußraten von 2.5 und 24 µl min^{-1} aufgenommen. Zu erkennen ist eine leichte Verschiebung der Lage des intensivsten Peaks zu höheren Massen. Dies entspricht einer niedrigeren durchschnittlichen Ladungszahl und weist darauf hin, daß bei höheren Flüssen offenbar eine etwas niedrigere Ladung auf die Moleküle übertragen wird.

5.2.2 Diskussion

Bei der Untersuchung der Effizienz einer Elektrospray-Ionenquelle ist von Interesse, welcher Anteil der in Lösung vorhandenen Substanzen unter gegebenen Bedingungen – Flußrate und Konzentration – ionisiert werden kann. Betrachten wir den allgemeinen Fall einer Lösung, die einen Analyten in der Konzentration c enthält und deren Lösungsmittel nicht in Ionen dissoziieren kann. Nach der Definition der Stoffmengenkonzentration enthält eine Volumeneinheit v dieser Lösung insgesamt cvN_A Teilchen der Substanz; N_A ist die Avogadro-Konstante.

Um jedes dieser Moleküle zu ionisieren, ist die Zuführung von mindestens einer Elementarladung e pro Teilchen erforderlich. Dies entspricht einer Ladung q von

$$q = cvN_A e$$

Wird in der Zeiteinheit t das Volumen v zerstäubt, so errechnet sich der für eine vollständige, einfache Ionisation benötigte Strom I nach

$$I = \frac{q}{t} = \frac{v}{t} \cdot cN_A e$$

und bei z-facher Ionisation entsprechend:

$$I = z \cdot \frac{v}{t} \cdot cN_A e \qquad \text{Gl. 5-2}$$

Zwischen Konzentration, Flußrate und Strom besteht demnach ein linearer Zusammenhang, der in Abb. 5-15 wiedergegeben ist. Der markierte Bereich entspricht dem in Kap. 5.1.2

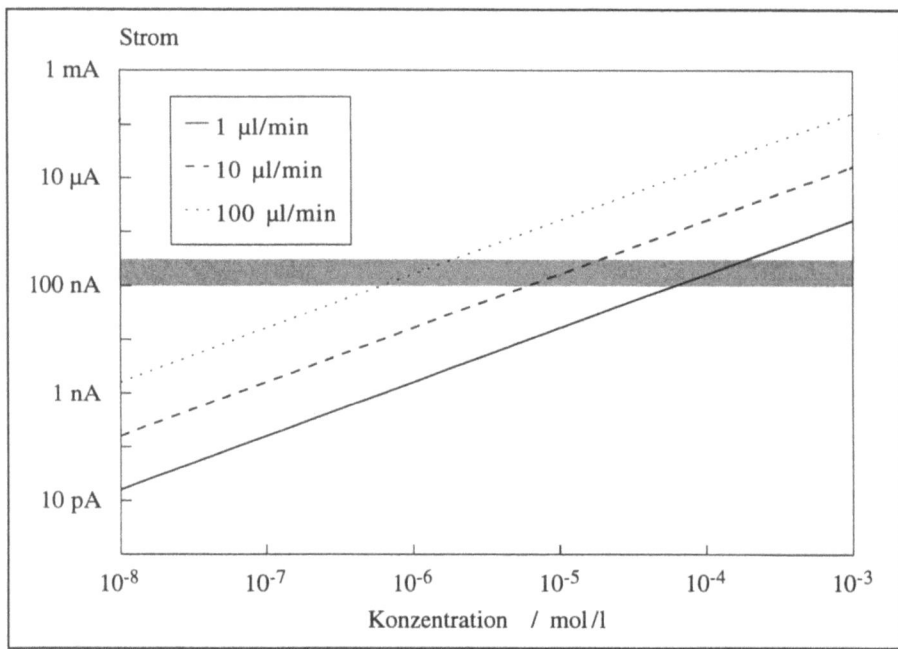

Abb. 5-15 *Theoretischer Zusammenhang zwischen Konzentration, Flußrate und dem für vollständige, einfache Ionisation benötigten Strom. Der Arbeitsbereich von 100...300 nA ist schattiert dargestellt.*

beschriebenen Strom von 100...300 nA. Dies scheint eine natürliche Grenze für den vom Sprayer abgehenden Strom darzustellen, da er von vielen Autoren, unabhängig von der Zerstäuber- oder Interface-Konstruktion, festgestellt wird (z.B. [38b, 62, 65]). Kebarle und Tang haben gezeigt, daß dieser Strom bei starken Elektrolyten mit hoher Leitfähigkeit bis auf 1 µA ansteigen kann, was aber selbst bei Chlorwasserstoffsäure Konzentrationen um 0.1 mol l^{-1} erfordert [69]. Die Autoren haben eine zunächst von Hendricks vorgeschlagene Gleichung angegeben, die näherungsweise einen Zusammenhang zwischen Flußrate, Konzentration, Feldstärke, Oberflächenspannung und Dielektrizitätskonstante der Flüssigkeit beschreibt. Kebarle weist aber darauf hin, daß diese Beziehung weder experimentell noch theoretisch eindeutig abgesichert ist, da alle wesentlichen Parameter nur mit Exponenten von weniger als 0.6 eingehen, d.h. die Effekte sind sehr schwach ausgeprägt [22, 84, 87]. Die Gültigkeit von Hendricks' Gleichung wurde auch von Hayati *et al.* angezweifelt [79b].

Unter den bei Elektrospray üblichen Arbeitsbedingungen kann man den maximalen Strom in guter Näherung als konstant ansehen, der Wert von ca. 200 nA stellt einen Richtwert dar. Vermutlich wird in keinem Fall eine vollständige Ionisation erfolgen; Bruins hat für Tetraalkylammoniumsalze angegeben, daß er etwa 30% des theoretisch zu erwartenden Nadelstromes gemessen hat [88], Kebarle gab 40% an [73]. Dennoch erlaubt dieses Modell mit Gl. 5-2 eine Abschätzung, ob man sich bei gegebener Konzentration und Flußrate noch im linearen Bereich befindet. Gegebenenfalls kann man die experimentellen Bedingungen abändern, um in diesen Bereich zu gelangen.

Bei mehrfach geladenen Ionen steigt der erforderliche Strom entsprechend der durchschnittlichen Ladung an; für ein Peptid, das im Mittel 10 Protonen trägt, wäre ein 10fach höherer Strom nötig. Da der Strom nicht über ca. 200 nA ansteigen kann, sinkt nach Gl. 5-2 die "erlaubte" Maximalkonzentration auf ein Zehntel des ursprünglichen Wertes ab; das Signal gerät bereits bei niedriger Konzentration in die Sättigung.

Einfluß der Konzentration. Bei geringen Konzentrationen — ab etwa 10^{-8} mol l^{-1} — und gleichzeitig niedrigen Flußraten ist die zugeführte Ladung für eine vollständige Ionisation des Analyten ausreichend, so daß theoretisch eine Ionisationseffizienz von 100% erreicht werden kann. So beobachteten beispielsweise Gallagher und Chapman [64], daß die gemessenen Totalionenströme für eine Reihe von Proteinen und Peptiden bei Konzentrationen von etwa 1 µmol l^{-1} und Flußraten von 1...2 µl min^{-1} untereinander sehr ähnlich sind. Aus Abb. 5-15 ist ersichtlich, daß dies (selbst bei durchschnittlich 10 Ladungen je Molekül) in den Bereich der vollständigen Ionisation fällt; damit wird auch verständlich, daß identische Stoffmengen identische Ströme übertragen.

Obwohl die Analytmoleküle unter diesen Bedingungen lediglich einen Bruchteil des gesamten Stromes transportieren können, wurde bei den hier besprochenen Experimenten stets ein Strom von ca. 200 nA gemessen. Der größte Teil wird vom Laufmittel bzw. vom *sheath flow* getragen; die meisten der bei der Verdampfung gebildeten Cluster bestehen aus protoniertem Laufmittel, zerfallen während der Desolvatisierung und werden im Massenspektrum nicht beobachtet.

Arbeitet man ohne *sheath flow* oder mit sorgfältig gereinigten Lösungsmitteln, so wird zumindest unterhalb von 200 nA eine Abhängigkeit des Stromes von der Analytkonzentration gefunden [89]. Bei extrem geringer Elektrolytkonzentration, z.B. bei Verwendung von aufgereinigten Lösungsmitteln, ist kaum ein stabiler Elektrospray-Betrieb möglich [69]. Der mit sogenanntem "reinem" Laufmittel beobachtete Strom ist demnach auf Verunreinigungen zurückzuführen. Die Gegenwart von geringen Mengen ionischer Bestandteile in der Lösung ist erforderlich, da sonst kein Stromfluß und somit kein "Nachliefern" von Ladung an die Spitze des Sprayers erfolgen kann; Hayati *et al.* haben gezeigt, daß bei zu geringer Leitfähigkeit der

Flüssigkeit nur wenig Oberflächenladung aufgebaut wird und daher keine Emission von Tröpfchen stattfinden kann [79].

Der umgekehrte Fall tritt bei Konzentrationen oberhalb von ca. 10^{-2} mol l^{-1} ein; hier wird das Signal wieder kleiner. Bei hohem Elektrolytgehalt, d. h. hoher Leitfähigkeit der Lösung, bildet sich auf der Oberfläche des Tropfens sehr schnell eine hohe Ladungsdichte aus. Die entstehenden Kräfte wirken senkrecht zur Oberfläche des Tropfens. Dadurch gibt es keine Strömung in Richtung zur Spitze mehr, so daß sich die auf S. 80 beschriebenen Scherkräfte und damit ein *jet* nicht mehr ausbilden können [79a].

Mit steigender Konzentration (und bei steigender Flußrate) müssen immer mehr Analytmoleküle pro Zeiteinheit eine Ladung erhalten. Solange man mit den Arbeitsbedingungen unterhalb des schattierten Bereiches in Abb. 5-15 bleibt, ist das Signal über mehrere Größenordnungen direkt proportional zur Analytkonzentration. Nach Erreichen dieser "Stromgrenze" können nicht mehr alle vorhandenen Analytmoleküle ionisiert werden, so daß die gemessene Signalintensität unabhängig von der injizierten Menge konstant bleibt. Nach Gl. 5-2 sollte das Detektorsignal bei einer Flußrate von 5 µl min^{-1} ab etwa $3 \cdot 10^{-5}$ mol l^{-1} nicht mehr ansteigen, was im Experiment mit sehr guter Übereinstimmung bestätigt wird (Abb. 5-8). Die gleichen Beobachtungen werden auch durchgehend von anderen Autoren berichtet, vgl. z. B. [22, 62, 84, 87, 90]. Allerdings scheint der quantitative Zusammenhang bisher nicht bekannt zu sein.

Bruins hat dieses Verhalten in einer Serie von Experimenten untersucht [91]: Verteilt man den Flüssigkeitsstrom nach der Injektion auf zwei Sprayer, so arbeiten beide mit identischer Konzentration, aber halber Flußrate; dies bewirkt keine Erhöhung der Signalintensität. Arbeitet man dagegen mit *halber Konzentration* und injiziert simultan mit zwei Sprayern, so läßt sich der dynamische Bereich ausdehnen. Daraus folgt, daß die Begrenzung *nicht vom Massenfluß, sondern tatsächlich nur von der Konzentration des Analyten abhängt* [91]. Dies ist eine wesentliche Beobachtung, die besonders für die Kopplung mit Flüssigchromatographie von Bedeutung ist; im nächsten Abschnitt wird darauf näher eingegangen.

Im Gegensatz dazu haben Henion *et al.* gefunden, daß bei hoher Flußrate und unter Ionspray-Bedingungen ein Übergang vom konzentrations- zum massenflußabhängigen Detektor auftreten kann [92]. Dies wurde bisher allerdings von keiner anderen Arbeitsgruppe bestätigt.

Detektorcharakteristik. Zunächst sollen die Unterschiede zwischen den beiden Detektortypen erläutert werden. Bei einem konzentrationsabhängigen Detektor ist die Signalintensität R nur abhängig von der *Konzentration* des Analyten [92b, 93]:

$$R \propto c \qquad \text{Gl. 5-3}$$

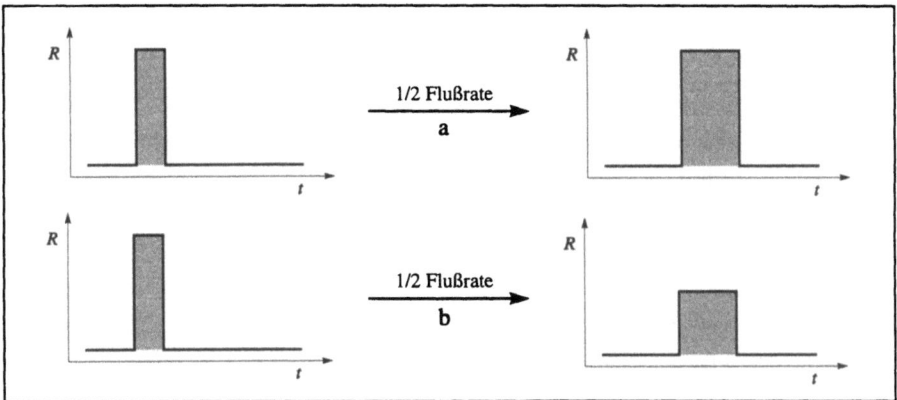

Abb. 5-16 *Die Detektion eines Analytsignales mit einem konzentrationsabhängigen (a) und mit einem massenflußabhängigen (b) Detektor. Die Peakhöhen in (a) sowie die Peakflächen in (b) sind identisch.*

Bei einem massenflußabhängigen Detektor ist dagegen der *Substanzstrom pro Zeiteinheit* die bestimmende Größe. Das Signal dieses Typs ist proportional zum Massenfluß [93] bzw. zur zugeführten Stoffmenge n in der Zeiteinheit t:

$$R \propto \frac{\partial n}{\partial t}$$

Über die Definition der Konzentration c als Stoffmenge pro Volumeneinheit v läßt sich diese Relation umschreiben in:

$$R \propto c \cdot \frac{\partial v}{\partial t} \qquad \text{Gl. 5-4}$$

Bei konstanter Flußrate $\partial v/\partial t$ ist also auch hier das Signal proportional zur Konzentration. Man kann daher nicht ohne zusätzliche Messungen oder detaillierte Kenntnisse über die Funktionsweise entscheiden, zu welcher Kategorie ein Detektor gehört. Nach Gl. 5-4 besteht ein einfacher Test darin, die Flußrate herabzusetzen und die Substanz dann erneut aufzubringen. Bei gleichem Injektionsvolumen (und idealem Verhalten) bleiben dabei sowohl die Masse als auch die Konzentration im chromatographischen Peak konstant. Abb. 5-16 zeigt links das Signal eines Analyten, wie es sowohl mit einem konzentrations- als auch mit einem massenflußabhängigen Detektor aufgezeichnet werden kann.

Im Fall eines konzentrationsabhängigen Detektors (Abb. 5-16a) ist das Signal lediglich proportional zur Konzentration des Analyten. Daher erhält man bei Verringerung der Flußrate ein

Signal mit unveränderter Höhe. Die Gesamtfläche unter dem Signal ist größer, da die Substanz langsamer strömt. Zu diesem Typ gehören zum Beispiel UV- und Fluoreszenzdetektoren.

Das Signal eines massenflußabhängigen Detektors erreicht bei halbiertem Flow nur die halbe Höhe, da in der Zeiteinheit nur die halbe Stoffmenge in den Detektor gelangt (Abb. 5-16b). Die Gesamtfläche unter dem Peak ist jedoch identisch mit dem Ausgangszustand, da sie durch die *insgesamt* verfügbare Stoffmenge festgelegt wird. Ein charakteristisches Merkmal dieser Detektoren ist, daß sie – im Gegensatz zu den meisten konzentrationsabhängigen Typen – destruktiv sind, d. h. sie "verbrauchen" die Substanz. Zu dieser Kategorie zählen die meisten gaschromatographischen Detektoren, zum Beispiel Massenspektrometer mit Elektronenstoß-Ionenquelle oder Flammenionisationsdetektoren.

Da ein Massenspektrometer von seiner Konstruktion her ein massenflußabhängiger Detektor ist, muß die Änderung des Ansprechverhaltens hin zur Konzentrationsabhängigkeit auf die Eigenschaften der Elektrospray-Ionenquelle zurückzuführen sein.

Bei konventionellen Ionenquellen wird die Analysensubstanz von außen ins Gerät gebracht, beispielsweise durch einen Gaschromatographen oder eine Schubstange. Konstruktionsbedingt kann also der Substanzstrom, der ins Gerät gelangt, extern vorgegeben werden. Wenn die Konzentration oder der Volumenstrom erhöht werden, wird das erhaltene Signal größer; nach Gl. 5-4 liegt ein massenflußabhängiger Detektor vor.

Dagegen erfolgt bei einer Atmosphärendruck-Ionenquelle die "Probenahme" aus der Atmosphäre normalerweise mit einem konstanten Volumenstrom. Damit verschwindet der Anteil des Differentialquotienten in Gl. 5-4, und sie geht in Gl. 5-3 über. Es liegt ein Sonderfall des massenflußabhängigen Detektors vor:

- *Bei einer Atmosphärendruck-Ionenquelle erfolgt die Zuführung der Substanz mit konstantem Volumenstrom. Die Intensität des Signals hängt dann nur noch von der Konzentration der Ionen in der Gasphase ab, so daß sich ein Massenspektrometer mit einer solchen Ionenquelle wie ein konzentrationsabhängiger Detektor verhält.*

Ein Übergang zum "echten" massenflußabhängigen Detektor wird erreicht, wenn man den Gasdurchsatz ändert, indem man beispielsweise die Saugleistung oder die Blendendurchmesser variiert. Die mögliche Empfindlichkeit eines Massenspektrometers mit Atmosphärendruck-Ionenquelle hängt in starkem Maße vom Gasdurchsatz [54] ab. Unter normalen Arbeitsbedingungen ist diese Größe jedoch konstant, so daß man das Massenspektrometer in diesem Fall als konzentrationsabhängigen Detektor betrachten kann.

Vorgänge in der Kapillare II. Wie oben festgestellt wurde, ist zur Ionisation eines Analyten die Zuführung von mindestens einer Elementarladung pro Teilchen erforderlich. Dies erfolgt durch den Abzug von Elektronen an der Oberfläche der Elektrode. Damit ein in der Lösung befindliches Ion eine solche Ladungsübertragung vornehmen kann, muß es einen Teil seiner Solvathülle abstreifen und die an der Oberfläche der Elektrode vorhandene Helmholtz-Doppelschicht durchwandern [55b, 94]. Man kann davon ausgehen, daß jedem Ion, das durch diese Schicht gelangt, sofort ein Elektron entrissen und auf die Elektrode übertragen wird. Unter diesen Bedingungen ist der Transport der Ionen aus der Lösung zur Wandung hin der geschwindigkeitsbestimmende Schritt, der auch die übertragene Ladungsmenge und damit den Stromfluß bestimmt.

Eine quantitative Beschreibung der Vorgänge wird dadurch erschwert, daß es sich um ein dynamisches, heterogenes System handelt. Dazu kommt, daß die Strömung in der Kapillare bei höheren Flußraten nicht mehr laminar ist, sondern turbulent wird, so daß der Stofftransport überwiegend durch Konvektion und damit wesentlich schneller als durch Diffusion erfolgt. Schwierigkeiten bereitet allerdings, festzustellen, ob unter gegebenen Bedingungen laminare oder turbulente Strömungsverhältnisse vorliegen. Eine Abschätzung über die Reynolds-Zahl *Re* ist bei derart engen Kapillaren nicht mehr durchführbar.

Weiterhin ist hier, im Gegensatz zu konventionellen elektrochemischen Zellen, kein freier Stoffaustausch möglich, da sich die bereits umgesetzten Spezies in der Kapillare nicht beliebig entfernen können. Die eigentliche Ladungstrennung − durch das Abwandern der Ionen − erfolgt nur an der Spitze des Flüssigkeitskonus bzw. der Kapillare (was wiederum die Korrosion der Kapillarenspitze erklärt). Möglicherweise bildet sich im Innern der Kapillare ein "Sättigungszustand" aus, der besonders bei höheren Ionenkonzentrationen eine vollständige Umsetzung verhindert.

Die Rolle der Flußrate. Nach Gl. 5-2 und dem eben Gesagten sollte die Empfindlichkeit des Massenspektrometers bei niedrigen Flußraten und niedrigen Konzentrationen konstant sein. Dies stimmt mit den experimentellen Beobachtungen zunächst überein, wie in Abb. 5-12 gezeigt ist. Eine Lösung mit einer Konzentration von $1 \cdot 10^{-5}$ mol l^{-1} benötigt bei 10 µl min^{-1} einen Strom von 160 nA zur vollständigen Ionisation. Die Empfindlichkeit des Gerätes sollte bei Verwendung von höheren Konzentrationen oder höheren Flußraten geringer werden, was auch von anderen Autoren bestätigt wird (vgl. z.B. [69]).

Bei größeren Volumenströmen wird in der Nähe der "Stromgrenze" von 200 nA die übertragene Ladung nicht mehr zur vollständigen Ionisation aller Analytmoleküle ausreichen. Bei mehrfach geladenen Ionen sollte daher eine Verschiebung zu niedrigeren Ladungszuständen eintreten, was auch durch die Messungen mit Cytochrom c bestätigt wurde (Abb. 5-14). In diesem Fall errechnet sich bei einer Flußrate von 2.5 µl min^{-1} der für die vollständige, einfache (!) Ionisation erforderliche Strom nach Gl. 5-2 zu 65 nA. Durch die mehrfache Ladung der Moleküle müßte aber ein Vielfaches dieses Stromes fließen, so daß die Grenze von 200 nA überschritten würde. Das Signal (Abb. 5-14 oben) ist demnach in der Sättigung, und die Empfindlichkeit ist nicht mehr konstant, so daß jede Erhöhung der Flußrate (oder der Konzentration) zu einer niedrigeren durchschnittlichen Ladung führen sollte. Das untere Spektrum in Abb. 5-14, aufgenommen bei einer Flußrate von 24 µl min^{-1}, bestätigt dies: Die Einhüllende der Peakserie ist zu höheren Massen hin verschoben. Außerdem ist zu erkennen, daß sich das Signal tatsächlich in der Sättigung befindet: Die Zahlenwerte für die absolute Intensität der Spektren sind fast identisch.

Bei Erhöhung der Flußrate fällt die Signalintensität etwas früher ab, als rechnerisch zu erwarten ist. Eine mögliche Erklärung dafür ist der unvollständige Ladungsübergang zwischen Kapillare und Lösung. Wenn, wie oben beschrieben, die Abgabe der Elektronen nur am Ende der Kapillare stattfindet, dann kann die Kontaktzeit für einen vollständigen Übergang zu kurz werden. Wenn der Austausch jedoch auf der gesamten Länge erfolgt, ist ein unvollständiger Ladungsübergang nicht zu erwarten, da selbst bei hoher Strömungsgeschwindigkeit – bei 50 µl min^{-1} und 70 µm Innendurchmesser etwa 22 cm s^{-1} – die Kontaktzeit zwischen Flüssigkeit und Kapillare noch in der Größenordnung von einer Sekunde liegt.

Eine zweite, einfachere Erklärung für die Intensitätsabnahme resultiert aus unvollständiger Desolvatisierung. Bei niedrigen Flüssen sind die Tropfen so klein, daß der Spray in wenigen Millimetern Entfernung von der Kapillare nicht mehr zu erkennen ist; hier erfolgt eine vollständige Desolvatisierung. Im Gegensatz dazu entstehen bei hoher Flußrate größere Tropfen, was auch optisch am "gröberen", deutlich sichtbaren Spray zu erkennen ist. Der beobachtete Effekt kann somit auf unvollständige Verdampfung der versprühten Flüssigkeit zurückgeführt werden. Ein großer Teil der gelösten Ionen trifft dann noch in der flüssigen Phase am Interface ein. Sobald diese Tropfen mit einer Oberfläche in Berührung kommen, werden sie entladen und sind für die massenspektrometrische Beobachtung verloren.

5.2.3 Konsequenzen für die Kopplung mit HPLC

Ein großer Vorteil der Kopplung von chromatographischen und elektrophoretischen Trennmethoden mit Atmosphärendruck-Ionenquellen ist die Entkopplung der Chromatographie von der Vakuumanlage des Massenspektrometers. Bei Techniken, in denen das Eluat der HPLC mit niedrigen Volumenströmen unmittelbar ins Spektrometer geleitet wird, besteht oft die

Gefahr von Kavitationen, d.h. durch das herrschende Vakuum wird die Zuleitung zum Spektrometer leergesaugt [93, 95]. Bekannt ist dieses Problem vor allem bei Continuous-flow-FAB, und hier besonders bei der Kopplung mit kapillarelektrophoretischen Techniken. Bei Verwendung einer Atmosphärendruck-Ionenquelle kann dies nicht auftreten, da die Zerstäubung unter "normalen" Druckverhältnissen erfolgt. Daher bietet sich die Kopplung von Chromatographie und Elektrospray geradezu an.

Als Grund für die Verbindung der Elektrospray-Ionisation mit chromatographischen Systemen auf der Basis von konventionellen 4-mm-Säulen wird oft angeführt, daß die erzielbare Empfindlichkeit größer sei, weil man mehr Substanz ins Spektrometer bringen könne. Diese Behauptung ist falsch, da sie das Verhalten eines *massenflußabhängigen* Detektors voraussetzt. Ein Massenspektrometer mit Elektrospray-Ionenquelle ist aber, wie im vorhergehenden Abschnitt gezeigt wurde, ein *konzentrationsabhängiger* Detektor.

Folgerungen. Zusammen mit den charakteristischen Eigenschaften dieses Typs ergeben sich für die praktische Arbeit, und insbesondere für die Wahl der chromatographischen Komponenten, einige Konsequenzen:

- *Solange bei verschiedenen Säulendurchmessern die Konzentration im Eluat die gleiche ist, ist auch die erhaltene Signalintensität identisch.*

Es ist demnach zunächst gleichgültig, ob man mit *microbore*-Säulen arbeitet, oder ob man konventionelle 4-mm-Säulen verwendet und den Substanzstrom nach dem Verlassen der Trennsäule splittet. Bei gleicher Leistungsfähigkeit der chromatographischen Komponenten, gleicher Konzentration im chromatographischen Peak und konstantem Fluß zum Spektrometer – also ggfs. mit Split nach der chromatographischen Säule – spielt es keine Rolle, ob die gesamte, auf die Säule gebrachte Substanzmenge ins Spektrometer gelangt oder nur ein Teil davon. Ein HPLC-System, das mit 4-mm-Standardsäulen betrieben wird, benötigt Flußraten von etwa 0.8 ... 1.3 ml min^{-1}, was nach den Ausführungen im vorigen Abschnitt bei der Kopplung mit Elektrospray eine starke Empfindlichkeitseinbuße infolge der unvollständigen Desolvatisierung bedeuten würde. An dieser Stelle bietet die Verwendung eines gesplitteten Flusses neben einer Reduktion des Volumenstromes den Vorteil, daß man mehrere Detektoren (UV, Fluoreszenz) parallel verwenden und einen Teil der Substanz zurückgewinnen kann.

Bei dieser Betrachtung wurde eine identische Konzentration im Peak angenommen, d.h. das Injektionsvolumen wurde entsprechend der Querschnittsfläche der Trennsäule bemessen; beispielsweise 20 µl für eine Säule mit 4 mm und 5 µl für eine mit 2 mm Durchmesser. Bringt man jedoch *gleiche* Volumina einer Analytlösung auf eine 4-mm- und eine 2-mm-Säule, so ist die Konzentration im chromatographischen Peak auf der kleineren Säule entsprechend der

Verringerung des Querschnitts um den Faktor vier *höher* (wieder unter der Voraussetzung, daß beide Säulen gleiche Effizienz aufweisen. Allerdings darf die Kapazität der Chromatographiesäule nicht überschritten werden). Da somit die *Konzentration* des Analyten erhöht ist, steigt auch die Nachweisstärke.

• *Ein Vorteil der Verwendung von kleineren Säulendurchmessern besteht in der Möglichkeit, höhere Konzentrationen innerhalb eines chromatographischen Peaks zu erzielen.*

Messungen dazu haben Henion und Mitarbeiter durchgeführt [92b]. Sie verwendeten allerdings Flußraten und Konzentrationen, bei denen eine exakte Auswertung problematisch ist; bei hohen Flußraten und Konzentrationen geht die Charakteristik des dort benutzten Ionspray-Interfaces vom konzentrationsabhängigen zum massenflußabhängigen Detektor über.

Ein Vorteil der Verwendung von Mikro-HPLC ist, daß bei niedrigen Flußraten die Empfindlichkeit eines Massenspektrometers mit Elektrospray-Ionenquelle am höchsten ist; gleichzeitig ist der dynamische Bereich am größten. Wenn hohe Nachweisstärke verlangt wird, ist sowohl bei reinem Elektrospray als auch bei Ionspray der Betrieb mit kleinen Flüssen vorzuziehen. Während bei reinem Elektrospray ein Split nach der Säule erforderlich ist, um die Flußrate in den Bereich von weniger als ~20 µl min^{-1} zu reduzieren, bietet sich für Ionspray die direkte Kopplung mit 2-mm- oder *microbore*-Säulen an. Falls Säulenmaterial mit verschiedenen Durchmessern, aber gleichen Leistungsdaten zur Verfügung steht, ist die Kopplung mit *microbore*-Techniken insgesamt analytisch effektiver als mit Standardsäulen. Eine Ausnahme bilden Trennprobleme, in denen zur Abtrennung der Matrix eine hohe Substanzbelastung der Säule erforderlich ist. In diesem Fall sind die Trennsäulen mit 4.0 oder 4.6 mm Durchmesser wegen ihrer höheren Belastbarkeit vorzuziehen.

5.2.4 Spezifikation

Aus den in Abb. 5-10 (S. 87) und Abb. 5-11 gezeigten Massenchromatogrammen läßt sich eine Spezifikation für das Massenspektrometer mit dem zweistufigen Interface formulieren:

Bei einer Flußrate von 25 µl min^{-1} Methanol und Zuführung von 2.5 µl min^{-1} Methanol als sheath flow ergibt die flow injection von 100 pg Reserpin, gelöst in 2 µl Methanol, ein Signal/Rausch-Verhältnis von 10:1 für das im MID-Modus registrierte [M+H]$^+$-Ion bei m/z 609.3.

6 Einige Anwendungen der Elektrospray-Massenspektrometrie

6.1 Vorbemerkungen

Dieses Kapitel enthält einige ausgewählte Anwendungen der Elektrospray-Massenspektrometrie. Zunächst wird auf eine charakteristische Anwendung aus der Biochemie eingegangen, die Massenbestimmung bei mehrfach geladenen Ionen [71, 96].

Daran schließt sich ein Vergleich mit anderen Methoden zur "sanften Ionisation" bei LC/MS an. Zur Kopplung von LC und MS sind das *fast atom bombardment* (FAB) und die Thermospray-Ionisation (TSP) seit Jahren etablierte Routinemethoden. Bei einem Vergleich dieser Techniken mit Elektrospray-Ionisation ist nicht nur die erzielbare Empfindlichkeit, sondern auch das Erscheinungsbild der Spektren von Interesse. So kann die Fragmentierung sehr stark von der Ionisierungsart, aber auch von den experimentellen Randbedingungen bei ein und derselben Methode abhängen [41, 97]. Daher werden in den Abschnitten 6.3 ff. einige Beispiele gezeigt, bei denen diese Ionisationstechniken unter Verwendung von verschiedenen Substanzen und unter unterschiedlichen Randbedingungen eingesetzt wurden. Diese Anwendungen zeigen einige der Gemeinsamkeiten, aber auch Grenzen und Unterschiede zwischen den Ionisationstechniken auf.

6.2 Massenbestimmung bei mehrfach geladenen Ionen

Die im Elektrospray-Massenspektrum beobachteten Ionen entstehen im allgemeinen durch Anlagerung eines oder mehrerer Ladungsträger L an ein neutrales Molekül M. Bei Addition von insgesamt n Ladungsträgern mit jeweils e Elementarladungen läßt sich die Summenformel positiv geladener Ionen schreiben als

$$[M + nL]^{(ne)+}$$

Im Massenspektrometer werden diese Ionen nach ihrem Verhältnis von Masse m zu Gesamtladung $z = ne$ getrennt. Bezeichnet man die Masse* des unbekannten Moleküls mit m_M und die des Ladungsträgers mit m_L, so erscheint das gebildete Addukt im Massenspektrum bei

$$\frac{m}{z} = \frac{m_M + n m_L}{ne} \qquad \text{Gl. 6-1}$$

---

*Wie in der Massenspektrometrie üblich, steht die *Masse* m_i in diesem Zusammenhang als Kurzform für die *relative Molekülmasse*. Die Dimension ist also 1, womit auch die nachfolgenden Gleichungen in ihren Dimensionen korrekt sind.

Diese Gleichung enthält prinzipiell vier unbekannte Größen: Die Masse des gesuchten Moleküles, den Ladungszustand des gesamten Ions sowie Masse und Ladung des Adduktes. Jedoch sind in den meisten Fällen die Addukt-Ionen und ihre Ladung bekannt, da es sich in erster Linie um Protonen handelt, d.h. $e = 1$ und $m_L = 1.0078$.

Damit liegt immer noch eine Gleichung mit zwei Unbekannten (m_M und n) vor. Bei höher aufgelösten Spektren, wie sie an Sektorfeldgeräten erhalten werden können, läßt sich der Ladungszustand n häufig über die Abstände der Isotopenpeaks ermitteln. Der erste ^{13}C-Isotopenpeak des Moleküls M erscheint bei

$$\frac{m^*}{z} = \frac{(m_M + 1) + n m_L}{ne}$$

was sich auch in folgender Form schreiben läßt:

$$\frac{m^*}{z} = \frac{m_M + n m_L}{ne} + \frac{1}{ne} \qquad \text{Gl. 6-2}$$

Der Abstand der Isotopenpeaks zueinander ist also umgekehrt proportional zur Ladung des Ions. Abb. 6-15 (S. 120) zeigt beispielhaft den Bereich des doppelt geladenen Molekülions von Gramicidin S, aufgenommen bei einer Auflösung von etwa 1000. Es ist deutlich, daß die Isotopenpeaks nur 0.5 Masseneinheiten voneinander entfernt sind.

Auf diese Weise läßt sich der Ladungszustand n des Ions durch einfaches Auszählen der Isotopenpeaks innerhalb einer Masseneinheit ermitteln. Damit läßt sich die gesuchte Masse m_M aus dem gemessenen Masse-zu-Ladungs-Verhältnis m berechnen:

$$m_M = n(m - m_L) \qquad \text{Gl. 6-3}$$

Hat man jedoch keinen Zugriff auf das Isotopenmuster, so ist Gl. 6-1 nicht eindeutig lösbar.

Enthält das Spektrum aber eine Serie von mehrfach geladenen Ionen, läßt sich die Masse des gesuchten Moleküls eindeutig berechnen [71, 96]. Wir nehmen zunächst den allgemeinen Fall an, daß zwei Signale bei den Masse-zu-Ladungs-Verhältnissen m_1 und m_2 auftreten. Dabei soll $m_1 > m_2$ sein; das Ion bei m_2 hat also die höhere Ladung. Setzt man voraus, daß sich diese zwei Peaks um j Ladungsträger unterscheiden, so gilt:

$$m_1 = \frac{m_M + nm_L}{ne}$$

$$m_2 = \frac{m_M + (n+j)m_L}{(n+j)e}$$

Löst man nach m_M auf und setzt gleich, so erhält man die Zahl der Ladungsträger von m_1:

$$n = \frac{j(m_2 e - m_L)}{e(m_1 - m_2)} \qquad \text{Gl. 6-4}$$

Wie oben erwähnt, sind üblicherweise e und m_L aus den Versuchsbedingungen bekannt. Rechnet man zusätzlich für m_1 und m_2 mit Datensätzen, die sich um genau einen Ladungsträger unterscheiden, so wird neben e auch $j = 1$. Damit vereinfacht sich Gl. 6-4 zu

$$n = \frac{m_2 - m_L}{m_1 - m_2} \qquad \text{Gl. 6-5}$$

Für die Ladung der einzelnen Ionen erhält man nach Gl. 6-5 Werte, die wegen der unvermeidlichen Meßfehler nicht genau ganzzahlig sind. Bei der Berechnung der Molmasse, die nach Gl. 6-3 erfolgt, wird daher der nächste ganzzahlige Wert eingesetzt.

Ausnahmen von den oben aufgeführten, mathematischen Vereinfachungen entstehen z. B. durch Addition von Ammonium- oder Natriumionen statt Protonen. Sie können häufig aus der Probengeschichte vorhergesehen werden. So werden beispielsweise mit vielen Biochemika durch deren Standard-Präparationsmethoden Alkalisalze eingeschleppt, was bei der Auswertung entsprechend berücksichtigt werden kann.

Tabelle 6-1 zeigt die Berechnungen am Beispiel des Cytochrom c (vgl. auch die Spektren in Abb. 5-14, S. 90). Da mehr als zwei Peaks für die Auswertung verfügbar sind, ergibt sich zusätzlich eine bessere statistische Absicherung der Daten; der Fehler geht mit der Wurzel aus der Anzahl der Meßwerte zurück. Eine Zusammenstellung der in dieser Arbeit gemessenen Proteine findet sich in Tabelle 6-2. Obwohl die Lage der einzelnen Peaks in vielen Fällen lediglich mit einer Genauigkeit von etwa ±2 Masseneinheiten bestimmt werden konnte (was sowohl auf technische Probleme als auch auf evtl. zu niedrige Ionenstatistik zurückzuführen war), liegt die mögliche Präzision oft unter 0.1%. Die Richtigkeit der Daten hängt im wesentlichen von der Kalibrierung des Spektrometers ab.

Falsche Zuordnungen zeigen sich bei den Berechnungen schnell, da die aus den verschiedenen Peakpaaren errechneten Massen in sich konsistente Wertereihen ergeben müssen (vgl.

Hilfspeak m_2	gesuchter Peak m_1	Ladung $n_{gemessen}$	Ladung n	Molmasse m_M
–	772.4	–	16	12342.3
772.4	825.3	14.58	15	12364.4
825.3	884.4	13.95	14	12367.5
884.4	951.8	13.11	13	12360.3
951.8	1031.4	11.94	12	12364.7
1031.4	1125.5	10.95	11	12369.4
1125.5	1237.9	10.00	10	12368.9
1237.9	1374.3	9.07	9	12359.6
1374.3	1547.6	7.92	8	12372.7
			Mittelwert	12363.3
			Standardabweichung	8.5
		Standardabweichung des Mittelwertes		2.8
			Literaturwert	12360.9

Tabelle 6-1 Berechnung der Molmasse aus dem Elektrospray-Massenspektrum am Beispiel von Cytochrom c (vgl. Abb. 5-14, S. 90). Angegeben ist der arithmetische, nicht der gewichtete Mittelwert.

Protein	Abb.	m_M (Sequenz)	m_M (exp.)	Abweichung
Insulin (Rind)	Abb. 4-16	5733.6	5734.7 ± 2.5	+1.1
Cytochrom c	Abb. 5-14	12360.9	12356.7 ± 8.4	-4.2
Cytochrom c	Abb. 5-14	12360.9	12363.3 ± 8.5	+2.4
Lysozym	Abb. 6-1	14305.2	14312.4 ± 3.5	+7.2

Tabelle 6-2 Zusammenstellung der gemessenen Proteine, ohne Nebenkomponenten. Als Toleranzen sind die Standardabweichungen aufgeführt, nicht die Standardabweichungen der Mittelwerte.

Tabelle 6-1). Ist dies nicht der Fall, hat man entweder das falsche Addukt-Ion gewählt oder die Peakserien nicht korrekt zugeordnet. Enthält ein Spektrum beipielsweise durch das Auftreten von Nebenkomponenten mehrere solcher Reihen, so läßt sich nach dem gleichen Verfahren entscheiden, ob ein Peak zu einer bestimmten Serie gehört oder nicht.

Abb. 6-1 zeigt das Massenspektrum des Lysozyms, eines Proteins aus 129 Aminosäuren. Die Substanz ist eine Hydrolase, die aufgrund ihrer bakteriziden Wirkung zur Behandlung von Wundinfektionen eingesetzt wird [85]. Hier ist deutlich die Gegenwart einer Nebenkomponente zu erkennen, die zu einer Peakserie mit *m/z* 1609.4, 1807.8, 2055.8, 2408.0 führt. Nach dem oben beschriebenen Verfahren errechnet sich daraus eine Masse von 14439 ± 34; der relativ

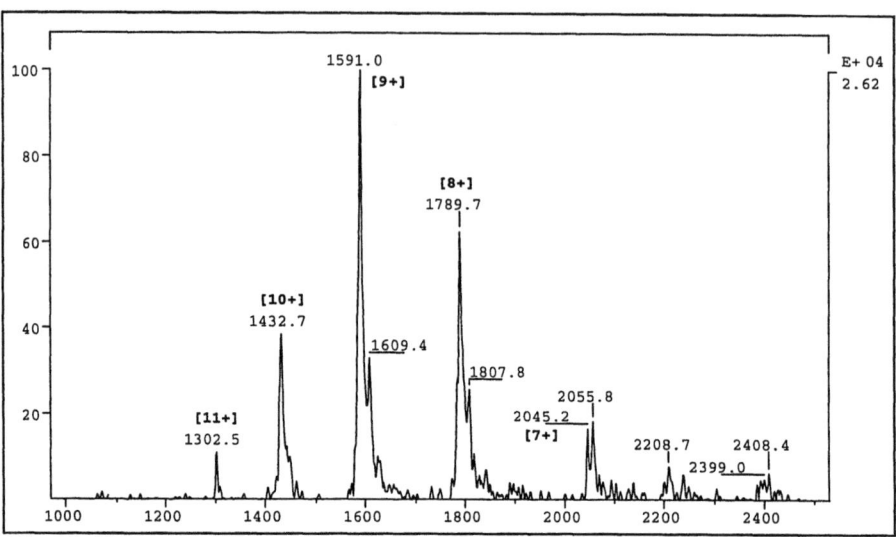

Abb. 6-1 *Elektrospray-MS von Lysozym. Das Spektrum ist eine Aufsummierung von 10 Scans, verbraucht wurden dabei ca. 290 pmol Substanz. Flußrate 1.5 µl min^{-1}.*

große Fehler (0.2%) erklärt sich vor allem durch die Breite der Peaks im oberen Massenbereich, die eine ungenaue Bestimmung der Peaklage zur Folge hat. Die Massendifferenz von 127 ± 37 zum unmodifizierten Lysozym könnte auf die Gegenwart einer zusätzlichen Aminosäure in dieser Verbindung zurückzuführen sein.

Die Auswertung von Elektrospray-Massenspektren ist in den vergangenen Jahren durch Anwendung verschiedener Algorithmen erleichtert worden. Einer der bekanntesten Ansätze ist die Dekonvolution nach Mann [71, 96]. Dabei wird das gemessene Spektrum so transformiert, daß man aus den Signalen einer Peakserie einen einzelnen Peak bei der Masse des zugrundeliegenden Moleküls m_M erhält. Auf diesem Prinzip basieren – in mehr oder weniger abgewandelter Form – die meisten der inzwischen erhältlichen Programme für diesen Zweck.

Auf einem völlig anderen Ansatz basiert das sogenannte *Maximum Entropy*-Verfahren, dessen Grundlagen in den 80er Jahren von Skilling und anderen an der Universität Cambridge entwickelt wurden [98]. Das zugrundeliegende Programm ist als MEMSYS5 bekannt und wurde 1992 erstmals auf Elektrospray-Daten angewandt [99]. Während die meisten klassischen Auswerteverfahren von den gemessenen Datensätzen ausgehend auf das "ursprüngliche" Signal zurückschließen, verwendet das MaxEnt-Verfahren den umgekehrten Ansatz: Ein Datensatz wird mathematisch mit Störungen, Linienunschärfen usw. verfremdet, bis eine Übereinstimmung mit den experimentellen Daten erhalten wird. Das Verfahren ist sehr rechenintensiv, liefert jedoch gute Ergebnisse. Als Beispiel zeigt Abb. 6-2 Daten, die mit dem Elektrospray-

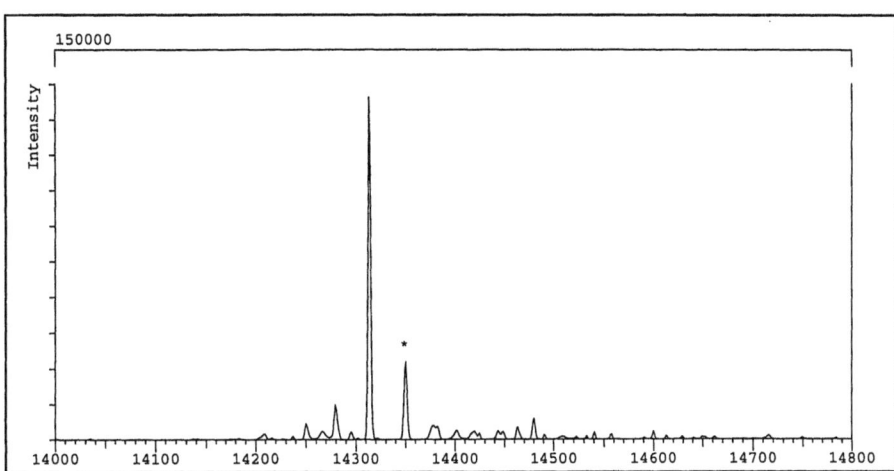

Abb. 6-2 *Das Ergebnis einer MaxEnt-Rechnung mit dem Lysozym-Spektrum aus Abb. 6-1. Der markierte Peak entspricht dem [M+K]$^+$-Ion.*

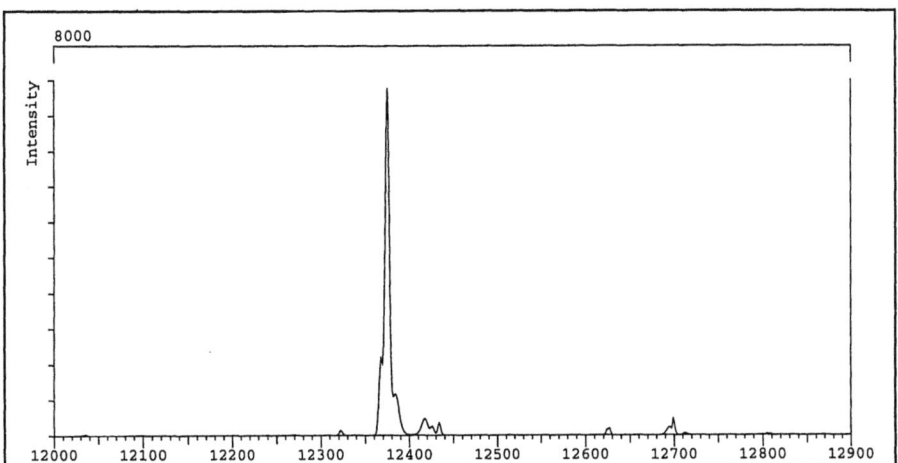

Abb. 6-3 *MaxEnt-Rechnung zum Spektrum des Cytochrom c; vgl. Abb. 5-14 oben. Der zweite Peak besitzt eine Differenz von 43 Masseneinheiten zum Molekülion, was auf eine Acetylierung hinweist.*

Massenspektrum von Lysozym erhalten wurden (vgl. Abb. 6-1). Es ist zu erkennen, daß ein intensives Signal für das [M+K]$^+$-Ion auftritt. Dieser Peak ist in der Darstellung in Abb. 6-1 nicht zu erkennen und zeigt sich erst bei einer Ausschnittvergrößerung. – Abb. 6-3 zeigt das Ergebnis, das mit den Cytochrom-c-Daten erhalten wurde. Hier ist ein Signal bei [M+43] zu erkennen, was evtl. auf eine Acetylierung zurückzuführen sein kann.

6.3 Kollisionsinduzierte Fragmentierung

Wie in Kap. 3 dargelegt wurde, bestimmt in der Skimmer-Anordnung die zweite Blende die kinetische Energie der Ionen, so daß sie in der Praxis konstant auf Beschleunigungsspannung gehalten wird. Die Potential*differenz* zwischen der ersten und zweiten Blende hat dagegen starken Einfluß auf das Erscheinungsbild der Spektren und auf die Gesamtempfindlichkeit des Gerätes. Durch Variation dieser Spannung lassen sich die Ionentransmission, die Desolvatisierung und die Fragmentierung des Analyten gezielt steuern. Da diese Fragmentierung durch intermolekulare Stöße ausgelöst wird (im Gegensatz zur Ionisation und Fragmentierung mit Elektronenstoß, EI, wo die Bildung der Fragmente durch elektronische Anregung erfolgt), bezeichnet man diesen Vorgang auch als kollisionsinduzierte Fragmentierung (*collision induced dissociation*, CID).

Um diesen Einfluß zu untersuchen, wurde in einer Versuchsreihe eine essigsaure Lösung von Tetrabutylammoniumhydroxid (TBAH) als Testsubstanz verwendet. Die Lösung wurde kontinuierlich zugeführt und das Potential der ersten Blende schrittweise von -20 bis +220 V erhöht. Dabei wurden die Intensitäten einiger charakteristischer Fragment-Ionen registriert. Das Ergebnis zeigt Abb. 6-4.

Wenn beide Blenden auf gleichem Potential liegen, kann man einige Ionen detektieren. Senkt man die Spannung der ersten Blende ab, so ist bei einer Differenz von wenigen Volt kein Signal mehr zu beobachten; die Ionen werden bereits durch diese Potentialdifferenz effektiv zurückgehalten. Dies bestätigt die auf S. 36 gemachten Annahmen, nach denen die kinetischen Energien der Ionen im Bereich des Interfaces sehr gering sein müssen.

Erhöht man die Spannungsdifferenz so, daß die erste Blende auf höherem Potential liegt, werden die Ionen zur zweiten Blende hin beschleunigt. Mit zunehmender Spannung wächst die Energie der Ionen. Voyksner und Pack haben gezeigt, daß dieser Zusammenhang linear ist [100].

Zwischen den beiden Blenden herrscht ein Druck von 0.3...1 hPa (Tabelle 4-2, S. 58). Da deren Abstand etwa 5 mm beträgt, erleidet ein Ion je nach seiner Größe zahlreiche Stöße, bis es durch die zweite Blende ins Hochvakuum des Massenspektrometers gelangt (vgl. dazu auch Tabelle 4-1, S. 45). Durch diese Stöße werden die Ionen in den Bereich thermischer Energie gebracht [52]. Zusätzlich werden die Cluster aus Analyt und Lösungsmittel aufgebrochen, was zur Desolvatisierung und zu einer Erhöhung der Zahl der freien Ionen führt. Dementsprechend ist im Bereich zwischen Null und etwa 40 V ein starker Anstieg der Intensität des Molekülions festzustellen. Unter diesen "sanften" Bedingungen zeigt sich im Elektrospray-Massenspektrum

109

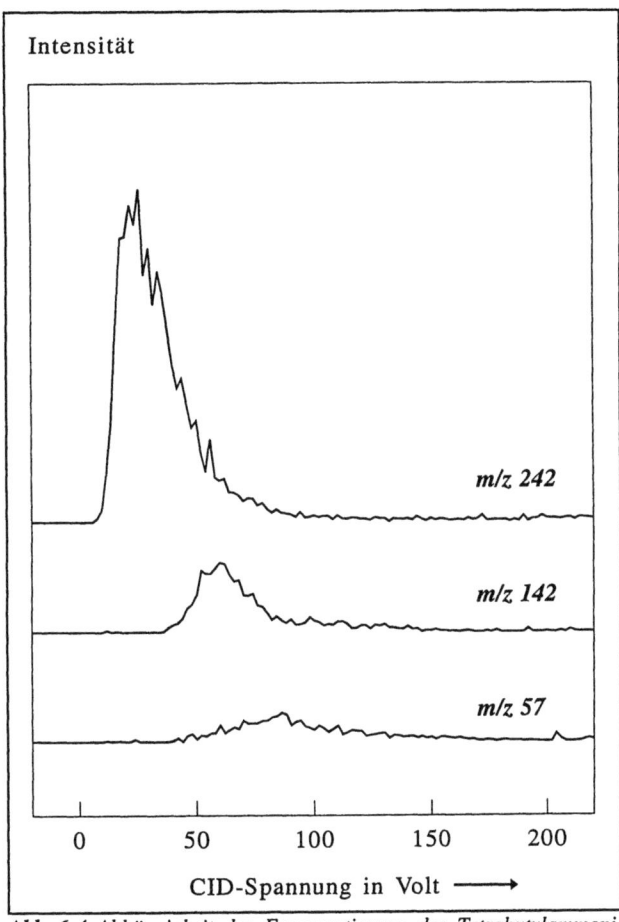

Abb. 6-4 Abhängigkeit der Fragmentierung des Tetrabutylammoniumkations von der Kollisionsspannung.

allein das Molekülion des TBAH mit m/z 242 (Abb. 6-5 oben). Bemerkenswert ist, daß hier der gesamte Massenbereich bis hinab zu m/z 10 frei von Fragmenten ist. Dies ist ein Indiz dafür, daß die Bedingungen in der ersten Pumpstufe so eingestellt sind, daß gerade eine optimale Desolvatisierung erfolgt, ohne daß durch Zufuhr überschüssiger Energie Fragmentierung eintritt.

Bei Vergrößerung der Potentialdifferenz steigt die Kollisionsenergie, so daß es zu Fragmentierungsreaktionen kommt. Das Spektrum in Abb. 6-5 unten wurde bei einer CID-Spannung von 81 V erhalten und zeigt neben dem Molekülion eine Reihe von charakteristischen Fragmenten; die Intensitäten der Fragmente mit m/z 57 und 142 in Abb. 6-4 steigen entsprechend an. Durch seine vier Butylgruppen neigt TBAH zu einer Reihe von Umlagerungs- und Eliminierungsreaktionen. Einige der möglichen Wege sind in Abb. 6-6 zusammengestellt.

Bei weiterer Erhöhung der CID-Spannung wird die Energie so hoch, daß praktisch keine Ionen mehr ins Massenspektrometer gelangen (oberhalb von ca. 150 V in Abb. 6-4). Daß dieser Effekt nicht nur durch Fragmentierung bedingt ist, konnte bei den Messungen mit Reserpin (Kap. 5.2) festgestellt werden. Reserpin zeigt bei Elektrospray-Ionisation unter allen Bedingungen praktisch nur das protonierte Molekülion mit m/z 609 (Abb. 5-7, S. 84). Erhöht

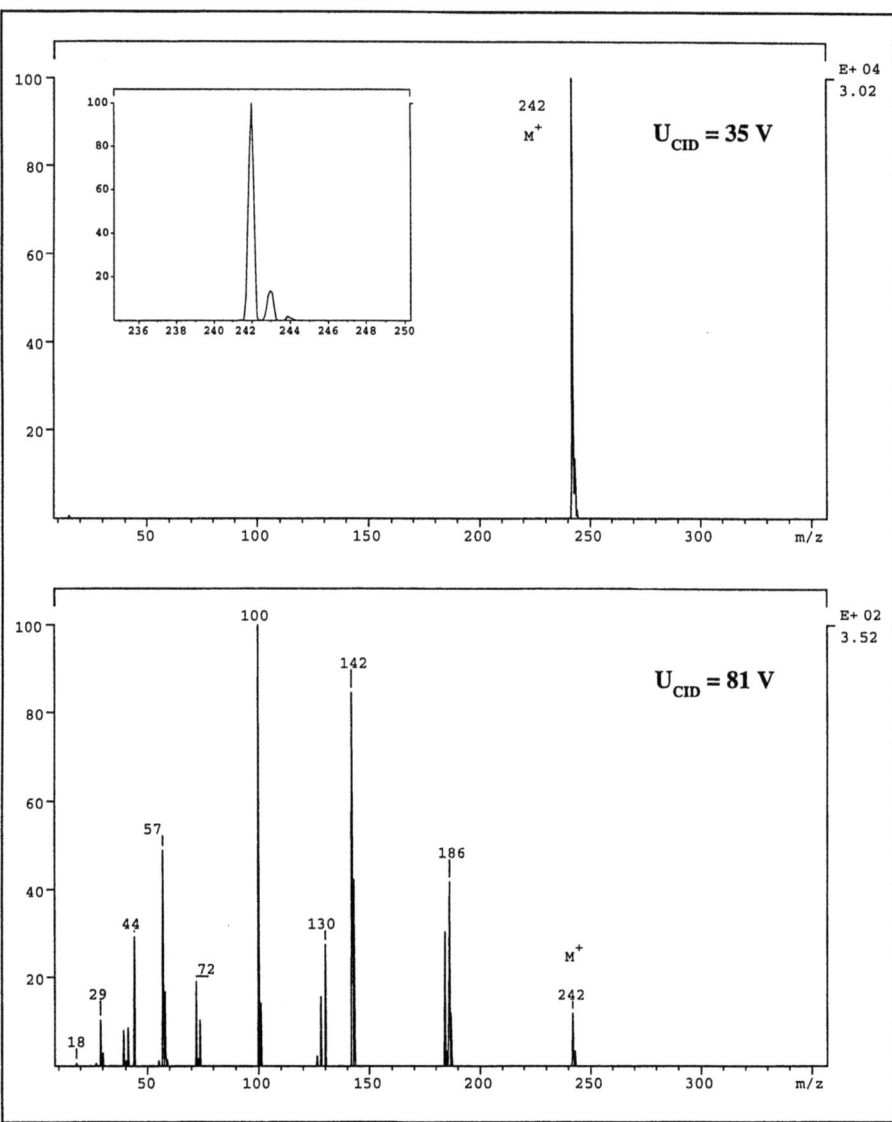

Abb. 6-5 Fragmentierung des Tetrabutylammonium-Kations in Abhängigkeit von der CID-Spannung. Der Einschub im oberen Spektrum zeigt den Bereich des Molekülions.

man die CID-Spannung, so sinkt die Intensität dieses Signals ab 100 V fast auf Null, ohne daß sich das qualitative Erscheinungsbild des Spektrums stark ändert und ohne daß (im hier gemessenen Bereich zwischen m/z 100 und 900) Fragmente erkennbar werden. Obwohl die

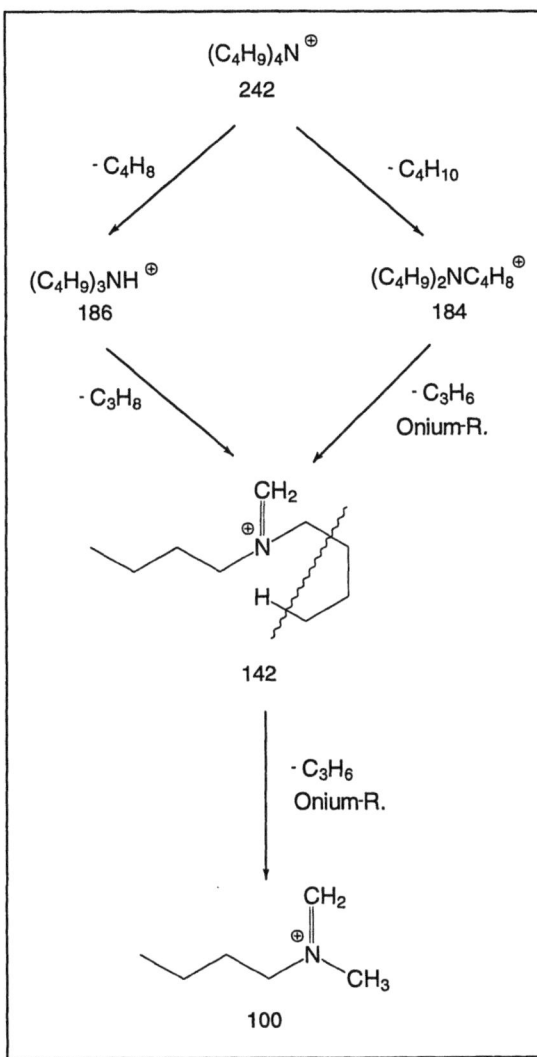

Abb. 6-6 *Mögliche Fragmentierungswege für das Tetrabutylammonium-Kation.*

Abspaltung der Trimethoxybenzoatgruppe mit *m/z* 195 wahrscheinlich ist, ist ein Signal für dieses Ion erst bei CID-Spannungen oberhalb von 180 V zu beobachten. Im Bereich zwischen 100 und 180 V geht der Totalionenstrom dagegen stark zurück. Warum dieser Effekt auftritt, ist nicht völlig geklärt; möglicherweise werden die Ionen hier so stark gestreut, daß die Fragmente nicht mehr durch die zweite Blende gelangen.

Zum Vergleich zeigt Abb. 6-7 das FAB-Spektrum von TBAH auf Glycerin, aufgenommen am gleichen Massenspektrometer. Im wesentlichen entstehen die gleichen Fragmente wie bei Elektrospray, wobei sich der Grad der Fragmentierung im FAB *nicht* steuern läßt. Auch hier ist das Molekülion Basispeak; die hohe Intensität erklärt sich dadurch, daß in Lösung ein freies Kation vorliegt, so daß keine weitere Ionisation durch Protonierung etc. erfolgen muß. Dazu kommt, daß TBAH stark oberflächenaktiv ist. Beide Eigenschaften tragen dazu bei, daß die Ionen der FAB-Matrix fast vollständig unterdrückt werden.

Die qualitative Übereinstimmung der erhaltenen Spektren mit denen aus anderen Ionisationsmethoden bedeutet aber nicht zwingend, daß deshalb auch die Mechanismen und Fragmente übereinstimmen müssen. Besonders bei größeren Molekülen können, je nach Ionisationsart,

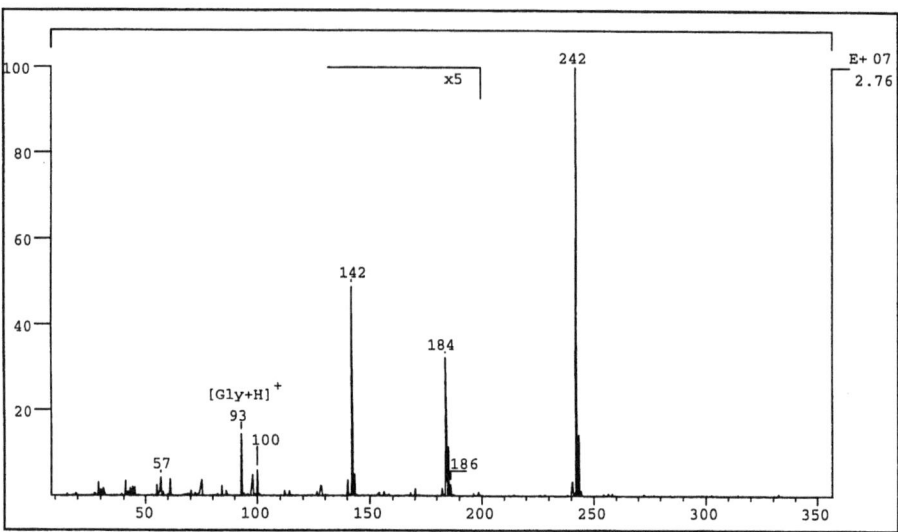

Abb. 6-7 *FAB-Massenspektrum von Tetrabutylammoniumhydroxid auf Glycerin. Der Bereich bis m/z 200 ist um Faktor 5 vergrößert. Vergleiche dazu auch Abb. 6-5 unten.*

unterschiedliche Produkte entstehen [97]. Vergleicht man Abb. 6-5 und Abb. 6-7, so zeigen sich bereits einige Unterschiede. Neben dem Ausmaß der Fragmentierung (was sich, wie soeben gezeigt wurde, bei Elektrospray kontrollieren läßt) ist auch die Intensitätsverteilung der Signale unterschiedlich. So ist beispielsweise im Elektrospray-Spektrum das Signal bei *m/z* 186 sehr intensiv, während es im FAB-Spektrum nur schwach auftritt. Dies weist darauf hin, daß hier – je nach Art der Ionisation – zwei verschiedene Reaktionswege bevorzugt werden (Abb. 6-6), so daß die Mechanismen der Ionenbildung in den beiden Fällen nicht identisch sein können. Aus den Spektren läßt sich folgern, daß das TBAH-Kation bei Elektrospray-Ionisation bevorzugt Buten abspaltet und ein Ion mit *m/z* 186 bildet. Unter FAB-Bedingungen wird dagegen die Eliminierung von Butan bevorzugt, was zum Ion mit *m/z* 184 führt.

Die kollisionsinduzierte Fragmentierung bietet damit die Möglichkeit, Substanzen gezielt "nach Bedarf" zu fragmentieren, um Strukturinformationen zu erhalten. Dies war sonst nur mit MS/MS-Experimenten oder Laserionisation möglich, die jedoch beide einen entsprechenden experimentellen Aufwand erfordern. Die erhaltenen CID-Spektren stimmen weitgehend mit den in MS/MS-Experimenten erhaltenen Massenspektren überein [100]. Dadurch kann die gesteuerte Fragmentierung im Interface die erste Stufe eines Tandem-MS ersetzen, sofern man nicht auf eine Massenselektion des Ausgangsions angewiesen ist (ein solcher Fall wird im Abschnitt 6.6 besprochen). Da die Kollisionsspannung einfach verändert werden kann, ist es möglich, bereits während der Aufnahme eines Chromatogramms abwechselnd mit niedriger und hoher CID-Spannung zu arbeiten. Auf diese Weise kann man aus dem Signal des Molekülions Informationen über die Molmasse bzw. die Summenformel und aus den Signalen der Fragmente Hinweise auf die Struktur der Verbindung erhalten.

6.4 Erythromycin A

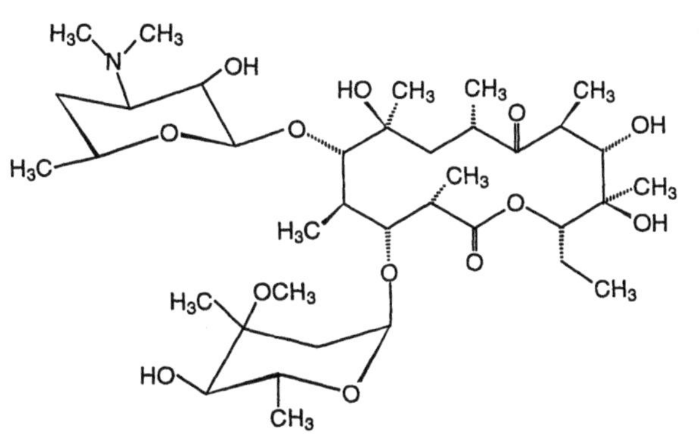

Abb. 6-8 Struktur von Erythromycin A.

Eine besonders geeignete Verbindung zur Charakterisierung von LC/MS-Techniken bezüglich ihrer Fragmentbildung ist das Erythromycin A (Abb. 6-8). Die Substanz ist ein Makrolid und besitzt einen 14-gliedrigen Lactonring mit zwei seltenen Zuckern, Cladinose in der 3- und Desosamin in der 5-Position. Praktische Verwendung findet Erythromycin A als Breitband-Antibiotikum, da es die Protein-Synthese von zahlreichen Bakterienarten unterbindet [85]. Daher wird es unter anderem in Fischfarmen dem Futter beigemischt. Weil bei dieser Art der Verabreichung Rückstände im Gewebe des Tieres verbleiben können, wurde z.B. ein Verfahren zur Bestimmung von Erythromycin A in Lachs ausgearbeitet, das sich der Kombination LC/Elektrospray bedient [101]. Die Verbindung eignet sich aufgrund ihrer Struktur und der damit verbundenen "Labilität" gut zu einem Vergleich verschiedener Ionisationstechniken hinsichtlich ihrer Fragmentbildung [102].

FAB. So ist beispielsweise im FAB-Spektrum (Abb. 6-9) zwar das protonierte Molekülion zu erkennen, der Basispeak wird jedoch vom abgespaltenen Aminozucker (Desosamin, *m/z* 158) gebildet. Daneben tritt noch eine Reihe von charakteristischen Fragmenten auf. So entstehen *m/z* 716 durch Wasserabspaltung aus dem Molekülion und *m/z* 576 wahrscheinlich durch Abspaltung des glykosidisch an C-3 gebundenen Zuckers (Cladinose). Auffällig ist, daß in diesem Spektrum praktisch keine Signale aus der Glycerin-Matrix zu erkennen sind. Ähnlich wie TBAH, so ist auch Erythromycin A oberflächenaktiv und wird offenbar sehr leicht ionisiert. Dies erklärt auch die hohe Nachweisempfindkeit dieser Verbindungen im Elektro-

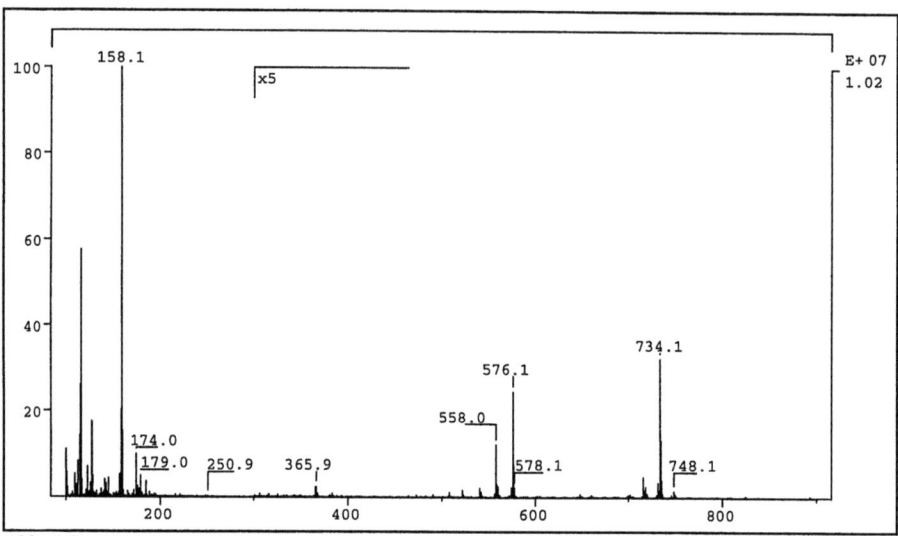

Abb. 6-9 *FAB-Massenspektrum von Erythromycin A. Der Bereich oberhalb von m/z 300 ist fünffach vergrößert dargestellt.*

spray: Da die Bildung der beobachteten Ionen hauptsächlich über Tröpfchen erfolgt, die ihrerseits wieder aus der *Oberfläche* größerer Tropfen gebildet werden (siehe dazu Kap. 1.3, S. 5), wird eine oberflächenaktive Verbindung eher in die Gasphase überführt als andere Substanzen.

Thermospray. Bei der Ionisation mit Thermospray fällt das Fragmentierungsschema etwas anders aus, darüber hinaus hängt der Spektren-Habitus bei dieser Ionisationsmethode stark von den äußeren Bedingungen ab. Ein Beispiel dazu zeigt Abb. 6-10: Beide Spektren wurden unter fast identischen massenspektrometrischen Bedingungen aufgenommen, die Flußrate der HPLC wurde jedoch verändert. Das Signal des protonierten Molekülions [M+H]$^+$ (*m/z* 734.5) bildet bei der höheren Flußrate (oberes Spektrum) den Basispeak. Nach Verringerung des Flusses von 1.3 auf 1.0 ml min^{-1} weist er dagegen nur 20% relative Intensität auf.

Der Grund für dieses Verhalten sind wahrscheinlich Kollisionen im Bereich des Ionenquellenblocks. Daß die Fragmentierung — und damit die Kollisionshäufigkeit — *mit sinkender Flußrate ansteigt*, weist darauf hin, daß bei höherer Flußrate niedrigere Drücke in der Thermospray-Quelle auftreten. Dies klingt zunächst paradox, erklärt sich aber dadurch, daß bei höherer Verdampfungsrate eine Art "Wasserstrahlpumpen-Effekt" in der Thermospray-Ionenquelle auftritt, durch den die Pumpleistung erhöht wird [41]. Damit stehen auch weniger Teilchen für Kollisionen zur Verfügung, so daß die Fragmentierungsrate sinkt.

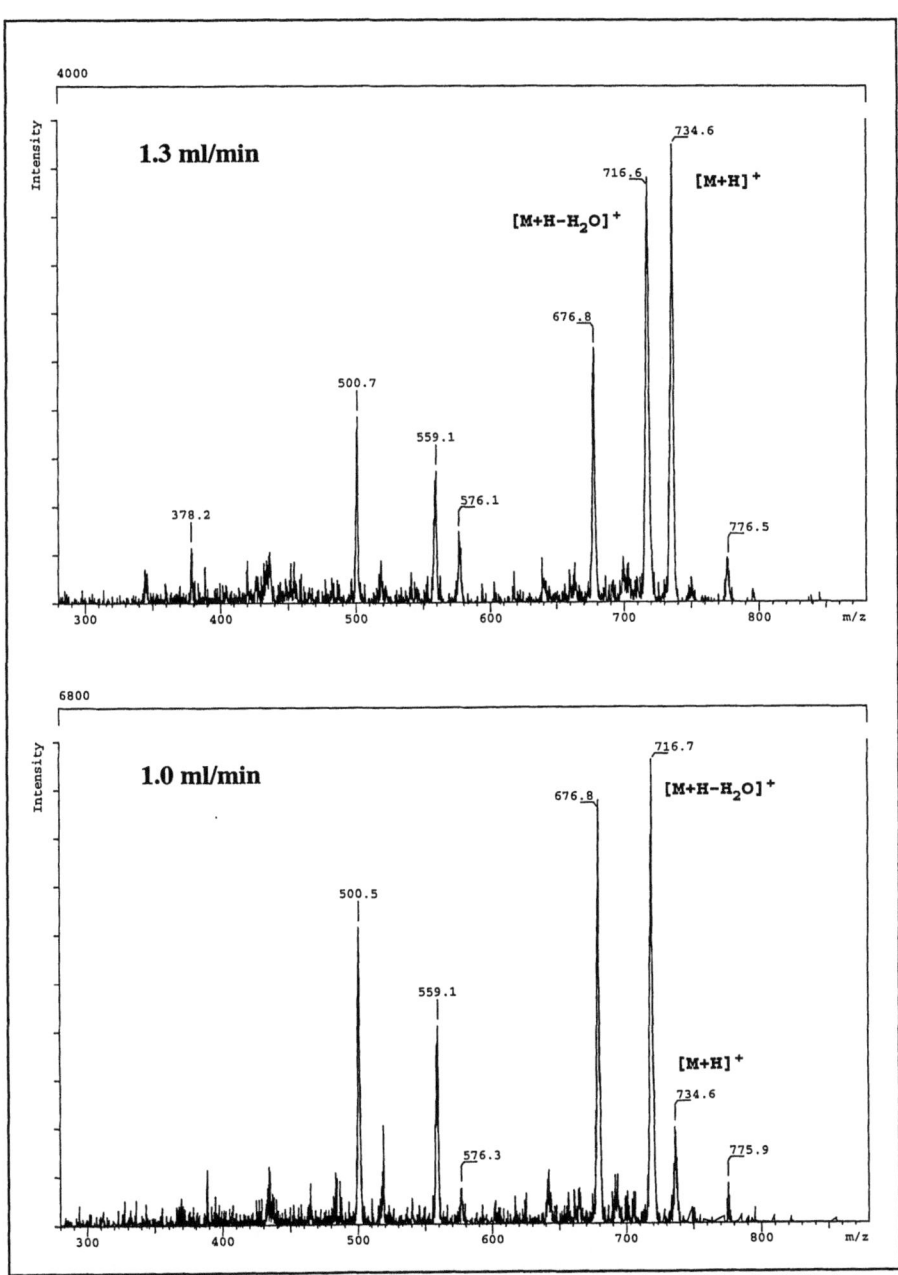

Abb. 6-10 Thermospray-MS von Erythromycin A, gemessen an einem Sektorfeld-Gerät (CH5) bei zwei verschiedenen Flußraten [42]. Bemerkenswert ist die unterschiedliche Intensität des [M+H]⁺-Ions.

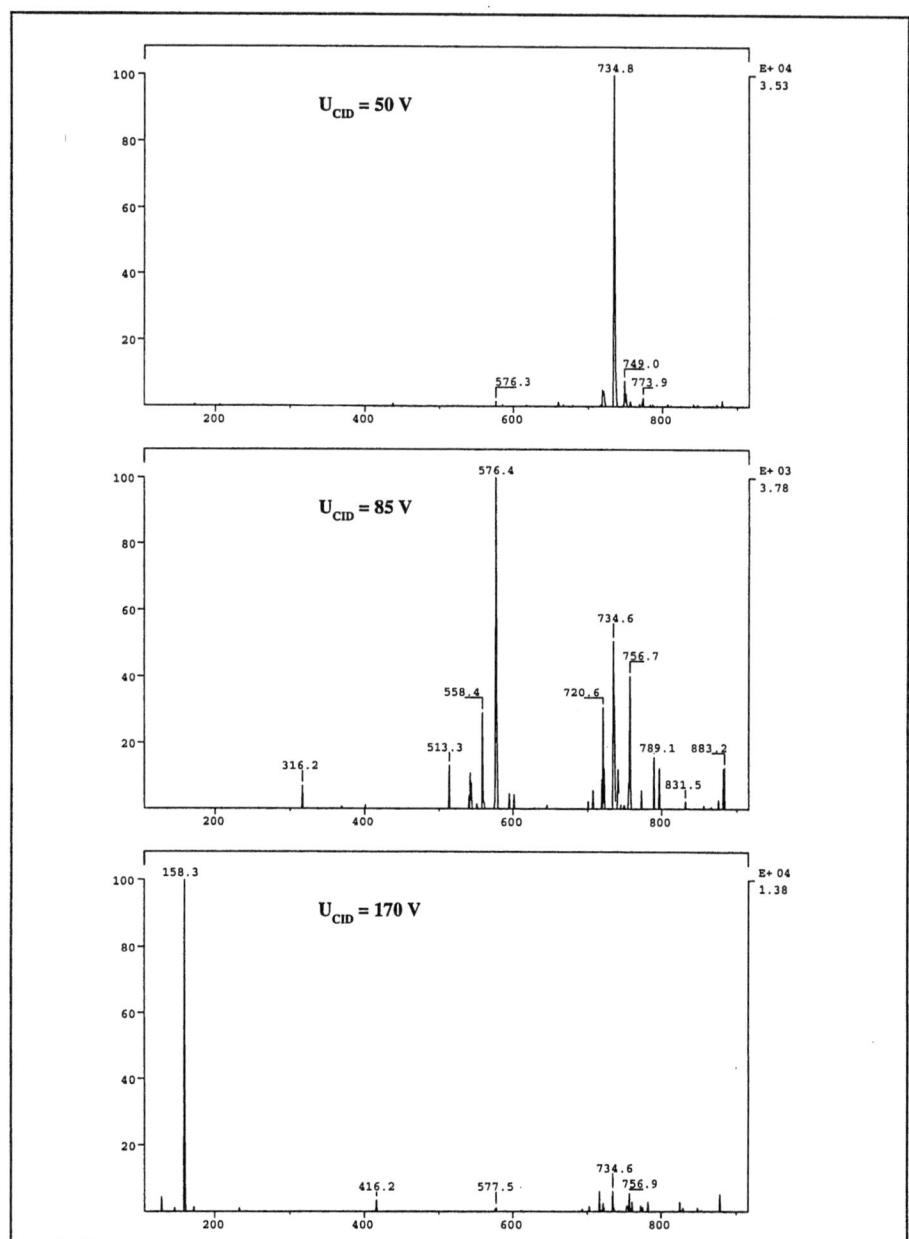

Abb. 6-11 *Elektrospray-Massenspektren von Erythromycin A bei verschiedenen CID-Spannungen. Die Spektren sind mit unterschiedlicher Intensität normiert, siehe dazu die Beschriftung der rechten Ordinate.*

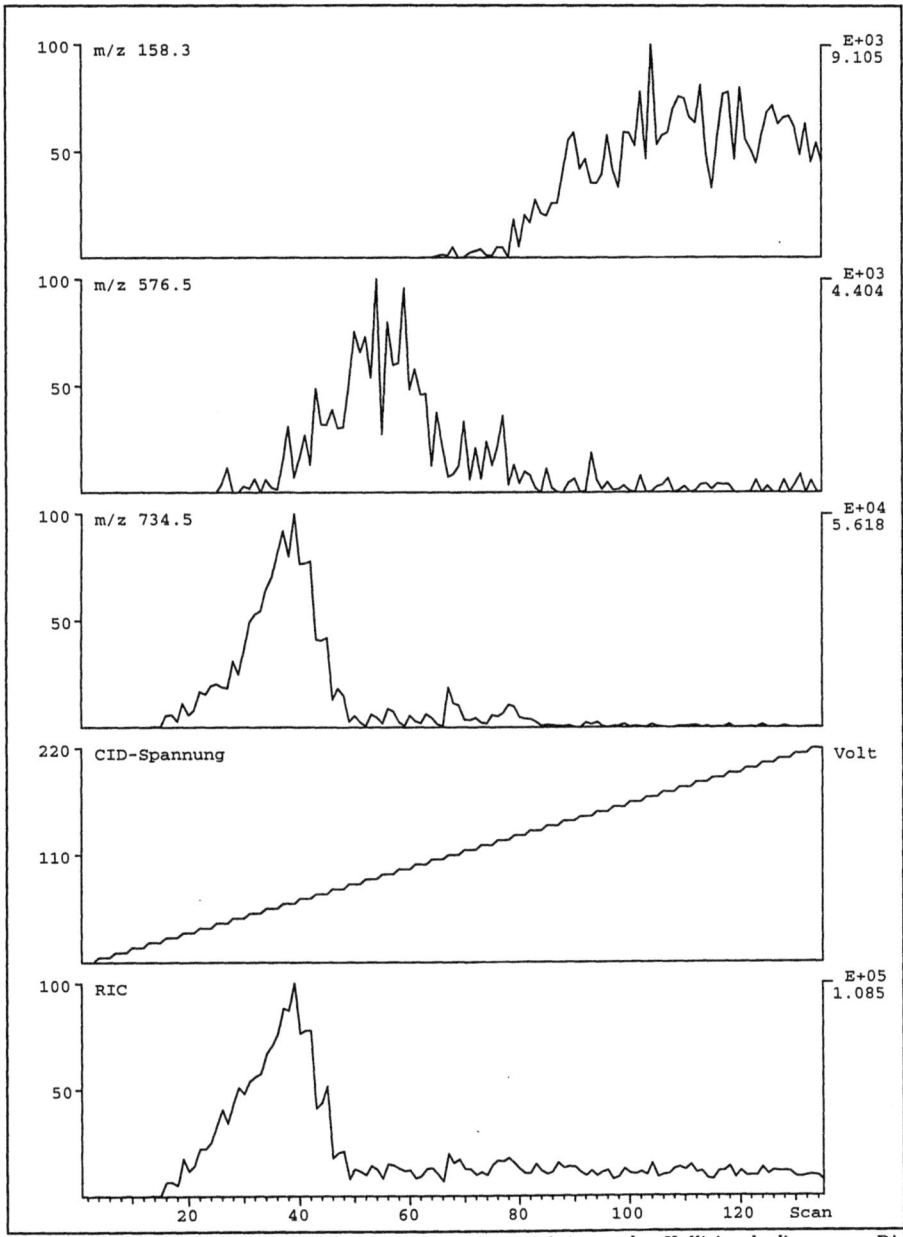

Abb. 6-12 Fragmentierung von Erythromycin A in Abhängigkeit von den Kollisionsbedingungen. Die Lösung wurde kontinuierlich zugeführt und die CID-Spannung während der Datenacquisition schrittweise erhöht.

In beiden Fällen ist das durch Wasserabspaltung entstandene [M+H-18]⁺-Ion (*m/z* 716.5) sehr intensiv. Diese Abspaltung ist unter FAB-Bedingungen weit geringer, was sich zum einen durch eine geringere thermische Belastung und zum anderen durch die verminderte Zahl der Stöße in der Gasphase innerhalb der verwendeten FAB-Ionenquelle [40] erlären läßt.

Die vorliegenden Daten zeigen, daß eine quantitative Analytik von Erythromycin A mit Thermospray-Ionisation problematisch ist. Bereits geringe, zunächst nebensächlich erscheinende Änderungen der Parameter können das Aussehen der Spektren stark verändern.

Elektrospray. Ionisiert man Erythromycin A mit Elektrospray (Abb. 6-11), so erhält man bei milden Bedingungen, d. h. bei niedriger Kollisionsspannung, das Signal des protonierten Molekülions bei *m/z* 734.5. Für einen synthetisch arbeitenden Chemiker wäre dies bereits der erste Schritt zur Strukturbestätigung.

Um charakteristische Fragmente zu erhalten, wurde im Versuch die CID-Spannung zeitprogrammiert verändert, während die Analytlösung kontinuierlich infundiert und ionisiert wurde. Auf diese Weise ließ sich eine stufenweise Fragmentierung dieses Ions aufzeichnen (Abb. 6-11 und Abb. 6-12): Bei Spannungen um 100 V ist zunächst die Abspaltung der Zucker und die sukzessive Eliminierung von Wasser zu beobachten. Bei weiterer Erhöhung der Spannung wird die Stoßaktivierung so stark, daß das Ion des Dimethylaminozuckers (*m/z* 158) zum Basispeak wird. Das Bild ähnelt erst jetzt − bei 170 V CID-Spannung (!) − dem FAB-Spektrum. Daraus folgt, daß die Ionisationsbedingungen beim Elektrospray um Größenordnungen sanfter sind als bei FAB oder Thermospray.

Eine Zusammenstellung der wesentlichen, mit FAB, Thermospray und Elektrospray beobachteten Ionen von Erythromycin A enthält Tabelle 6-3. Man erkennt, daß mit Elektrospray alle charakteristischen Ionen zu erhalten sind, die auch die beiden anderen Ionisationsarten liefern.

m/z	*FAB*	*ESI*	*TSP*	*Deutung*
748	+	+	+	*Oligomer (+CH₂) ?*
734	+	+	+	*[M+H]⁺*
716	+	+	+	*[M+H-H₂O]⁺*
676			+	*?*
576	+	+	+	*[M+H-(Cladinose-H)]⁺*
558	+	+	+	*576-H₂O*
540	+	+		*576-2 H₂O*
500			+	*?*
158	+	+	n. g.	*[Desosamin+H]⁺*

***Tabelle 6-3** Charakteristische Fragmente von Erythromycin A. - n. g., nicht gemessen, da unterhalb der Startmasse des Scans.*

6.5 Nebenbestandteile in Gramicidin S

Gramicidin S ist ein Dekapeptid, das 1942 erstmals aus Kulturen von *bacillus brevis* isoliert wurde. Das Kürzel S weist darauf hin, daß es sich bei den Entdeckern um eine sowjetische Arbeitsgruppe handelte [85]. Die Substanz besteht aus zwei identischen, zyklisch verknüpften Pentapeptiden (Abb. 6-13) und wirkt antibiotisch gegen gram-positive Bakterien.

Charakteristisch für das Elektrospray-Massenspektrum von Gramicidin S (Abb. 6-14) ist das intensive Signal des doppelt geladene Molekülions [M+2H]$^{2+}$, während das einfach geladene Ion [M+H]$^+$ bei *m/z* 1142 nur geringe Intensität zeigt. Dieses Verhältnis bleibt über weite Bereiche der CID-Spannung erhalten; offensichtlich bewirkt die zyklische Struktur der Verbindung eine hohe Stabilität gegenüber Stoßreaktionen in der Gasphase.

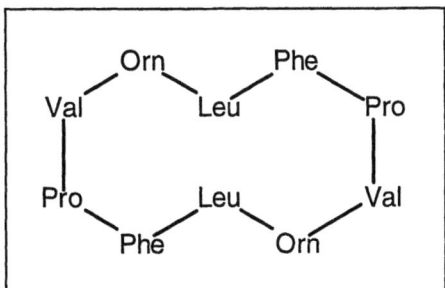

Abb. 6-13 *Schematische Darstellung der Struktur von Gramicidin S.*

Abb. 6-15 zeigt den Bereich des doppelt geladenen Molekülions, aufgenommen bei einer Auflösung von ~1000. Die Abbildung zeigt deutlich, daß wegen der zweifachen Ladung innerhalb einer Massseneinheit *zwei* Isotopenpeaks des Gramicidin S zu finden sind* (vgl. Kap. 6.2).

In diesem Spektrum fallen neben dem Signal des Gramicidin S noch mehrere Peakgruppen auf. Da die Isotopenpeaks in allen Fällen 0.5 Masseneinheiten voneinander entfernt sind, handelt es sich um doppelt geladene Ionen. Sie liegen jeweils ±7 bzw. ±14 Masseneinheiten neben dem Signal des zweifach geladenen Molekülions. Rechnet man auf das einfach geladene Ion um, so entspricht dies einer Differenz von ±14 bzw. ±28 amu gegenüber dem unveränderten Peptid. Es handelt sich demnach um mindestens vier verschiedene Verbindungen, die zusätzlich im Handelsprodukt enthalten sind. Die Massendifferenzen weisen darauf hin, daß homologe Aminosäuren vorliegen könnten, die sich jeweils um eine bzw. zwei Methylengruppen –CH$_2$– unterscheiden.

Das Ergebnis der chromatographischen Auftrennung einer Gramicidin S-Probe aus derselben Charge zeigt Abb. 6-16 (S. 121). Die Trennung erfolgte über eine 20 mm kurze HPLC-Säule, die Detektion erfolgte mit Continuous-flow-FAB-MS [40]. Neben dem Signal des protonierten

---

*Die Kalibrierung der Massenskala dieser Aufnahme war, technisch bedingt, um -0.9 Einheiten verschoben. Die korrekte Zuordnung für das mit 570.5 bezeichnete Ion ist 571.4; entsprechendes gilt für die anderen Signale.

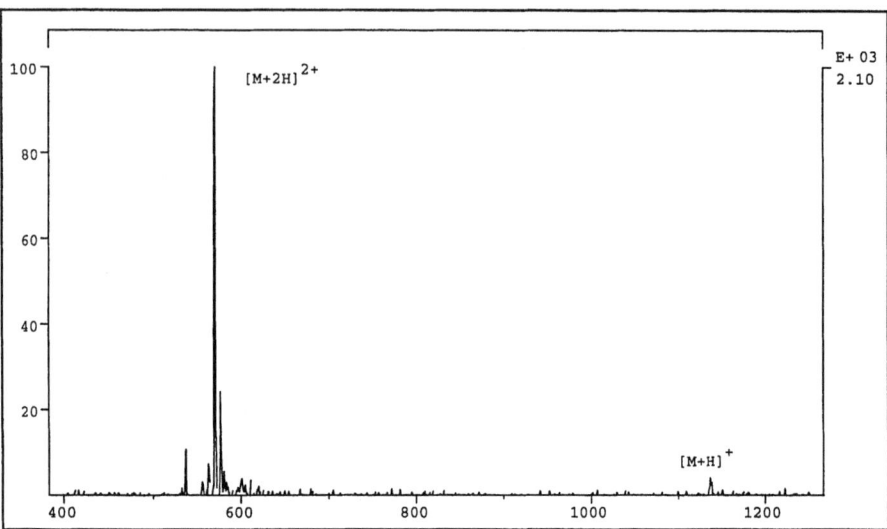

Abb. 6-14 Elektrospray-Massenspektrum von Gramicidin S.

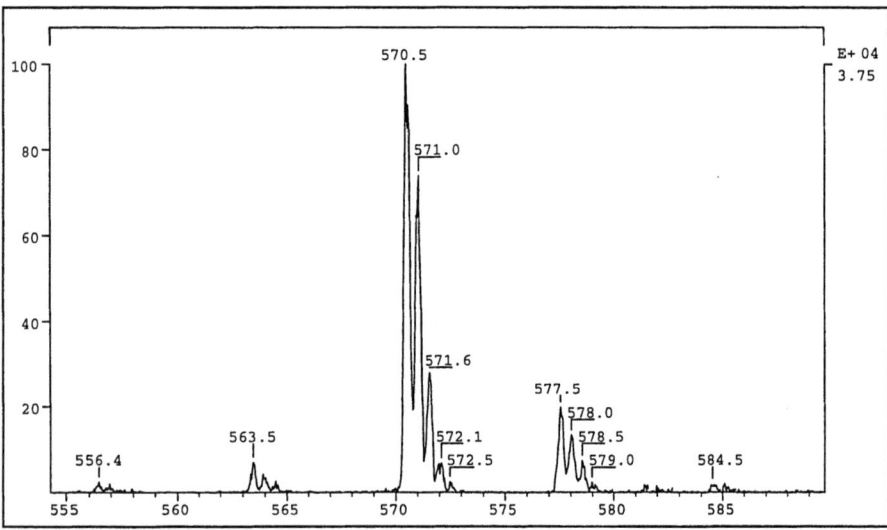

Abb. 6-15 Der Bereich des doppelt geladenen Molekülions von Gramicidin S, bei einer Auflösung von ca. 1000. 2.5 µl min^{-1}, 10 scans summiert, keine Glättung. Verbraucht wurden etwa 63 pmol Substanz.

Molekülions (m/z 1142, Elutionszeit 16.5 min) sind je zwei Peaks in den Massenspuren von m/z 1128 und 1156 zu finden; m/z 1114 und 1170 wurden nicht erfaßt, da nur über einen schmalen Massenbereich gemessen wurde.

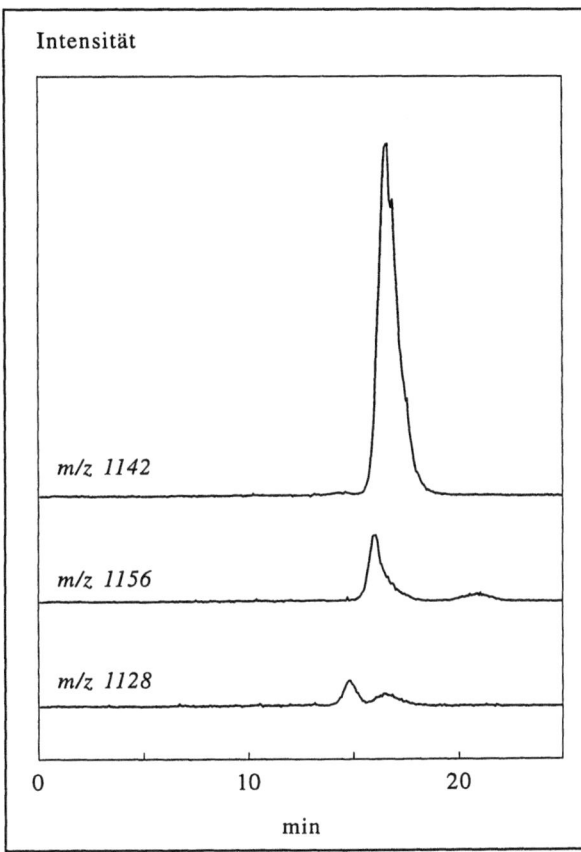

Abb. 6-16 *Auftrennung einer kommerziellen Probe von Gramicidin S mit Mikro-HPLC und Nachweis mit continuous-flow-FAB-MS. Injiziert wurden insgesamt 38 ng Substanz. Daten aus [40].*

min	m/z	Modifikation
n. g.	1114	beide Val gegen Abu
14.8	1128	Val gegen Abu
16.5	1142	(unmodifiziert)
16.0	1156	Val gegen Leu
20.8	1156	Orn gegen Lys
n. g.	1170	Orn gegen Cit

Tabelle 6-4 *Modifikationen von Gramicidin S, nach [103]. Angegeben sind die Massen der protonierten, monoisotopischen Molekülionen sowie die Elutionszeiten zu Abb. 6-16. n.g., nicht gemessen.*

Der zweite Peak in der Massenspur von m/z 1128 (16.5 min) fällt exakt mit der Elution des unmodifizierten Gramicidin S zusammen; es handelt sich möglicherweise um ein Produkt, das unter FAB-Bedingungen gebildet wurde. Die Komponente, die bei 14.8 min eluiert, ist dagegen eine Fremdsubstanz.

Wie aus dem Chromatogramm zu ersehen ist, sind in der Probe mindestens *zwei* Verbindungen enthalten, die ein Signal bei m/z 1156 liefern. Die Elutionszeiten liegen bei 16.0 und ~20.8 min.

Bei diesen Verbindungen handelt es sich um Modifikationen des Gramicidin S, die im Verlauf der Biosynthese auftreten. Das kommerziell vertriebene Produkt wird auch heute aus *bacillus brevis* isoliert. Bereits 1984 wurde gezeigt, daß dieser Extrakt mindestens zwei Nebenkomponenten enthält. Thibault und Mitarbeiter bestätigten dies 1992 und fanden in dem von Sigma vertriebenen Produkt (das in unseren Messungen ebenfalls verwendet wurde) noch weitere vier

122

Verbindungen, bei denen eine oder zwei Aminosäuren des Gramicidin S ausgetauscht waren [103]. Nach diesen Arbeiten handelt es sich bei der zuerst eluierenden Komponente mit *m/z* 1156 um den Austausch von Valin gegen Leucin, bei der zweiten wahrscheinlich um den Austausch von Ornithin gegen Lysin. Die Verbindung mit *m/z* 1128 enthält statt eines Valins einen Aminobuttersäure-Rest. Eine Zusammenstellung der Ergebnisse von Thibault, soweit sie die vorliegenden Daten betreffen, findet sich in Tabelle 6-4.

Das besprochene Beispiel des Gramicidin S zeigt die Möglichkeiten, aber auch einige der Grenzen der Elektrospray-Ionisation auf. So kann man aus dem Spektrum (Abb. 6-15) unmittelbar den Ladungszustand der Ionen ersehen, was ein spezifischer Vorteil von höher auflösenden Massenspektrometern ist. Ebenso ist zu erkennen, daß in der verwendeten Substanzprobe mindestens fünf verschiedene Komponenten (Gramicidin S und vier weitere) enthalten sind, so daß sich diese Technik zum schnellen *screening* eignet.

Da das Gemisch aber vor der Messung nicht getrennt wurde, erscheinen alle Komponenten gleichzeitig im Spektrum, so daß man nicht erkennen kann, ob sich beispielsweise unter dem Signal bei *m/z* 577.5 (entsprechend *m/z* 1156 beim einfach geladenen Ion) eine oder, wie in diesem Fall, mehrere Verbindungen verbergen.

Ähnliche Effekte können auftreten, wenn eine oberflächenaktive Verbindung die Signale anderer Komponenten völlig unterdrückt. Dies ist beispielsweise im FAB seit langem bekannt; Abb. 6-7 (S. 112) zeigt einen solchen Fall, bei dem die Glycerinmatrix durch Tetrabutylammoniumhydroxid fast völlig unterdrückt wird.

6.6 Organozinnverbindungen

Zinnorganische Verbindungen werden in vielfältiger Weise als Industriechemikalien und Biozide eingesetzt. Die Alkylzinnverbindungen werden industriell in steigendem Maße produziert. Vor allem das hoch toxische Tributylzinn wird als Fungizid in der Landwirtschaft und in sog. *Antifouling*-Farben in der Schiffahrt eingesetzt. Da Tributylzinn und seine Abbauprodukte wegen des ausgedehnten Einsatzes in der Schiffahrt besonders in Hafenwasser und -Sedimenten zu finden sind, ist es erforderlich, eine Methode zur Bestimmung dieser Verbindungen zur Verfügung zu haben.

Bei der Probenvorbereitung stellt die Extraktion der Zinnspezies aus dem Sediment einen wesentlichen, wenn auch mit Problemen behafteten Schritt dar [104]. Für die nachfolgende Trennung sind gaschromatographische Methoden am weitesten verbreitet. Nachteilig ist dabei, daß die meisten Zinnverbindungen hydriert oder alkyliert werden müssen, um sie in die Gasphase überführen zu können. Im Vergleich dazu existieren bisher nur wenige Methoden, die sich der HPLC bedienen. Eine Übersicht findet sich beispielsweise in [42].

Da die wichtigsten Zinnorganyle, das Di- und das Tributylzinn (DBT, TBT), von Natur aus ionisch vorliegen, ist eine Kopplung von Flüssigchromatographie und Massenspektrometrie erfolgversprechend. Bei der LC/MS-Kopplung entfällt eine Derivatisierung, da die Ionisation direkt aus der flüssigen Phase erfolgt.

Die Verwendung eines Massenspektrometers als Detektor für Zinnverbindungen bietet den grundsätzlichen Vorteil, daß eine Identifizierung über das charakteristische Isotopenmuster möglich ist. Vom Zinn existieren insgesamt zehn Isotope, von denen die Hälfte eine relative Häufigkeit von mehr als 20% aufweist (vgl. Abb. 6-18, S. 127). Durch synchrones Aufzeichnen mehrerer Massenspuren (*multiple ion detection*, MID) aus diesem Isotopenmuster läßt sich das Massenspektrometer als selektiver Detektor einsetzen. So muß beispielsweise ein Anstieg im Signal bei *m/z* 291 gleichzeitig mit einem entsprechenden Anstieg der Intensität von *m/z* 289 (zweithäufigstes Isotop) verbunden sein, falls es sich um Tributylzinn handelt. Auf diese Weise lassen sich Matrixinterferenzen zumindest teilweise eliminieren.

Thermospray. Eine entsprechende Methode, die sich der Kopplung von HPLC mit der Thermospray-Ionisation bedient, wurde kürzlich in unserer Arbeitsgruppe von Nigge ausgearbeitet [42, 105]. Die Thermospray-Massenspektren von DBT und TBT zeigt Abb. 6-17. Auffällig ist, daß beide Verbindungen eine Reihe von Clustern bilden. Während das Tributylzinn als freies Kation $[SnBu_3]^+$ (*m/z* 291 für den intensivsten Isotopenpeak) zu messen ist, läßt sich das Dibutylzinn *nicht* als doppelt geladenes Kation $[SnBu_2]^{2+}$ (*m/z* 117) detektieren. Die

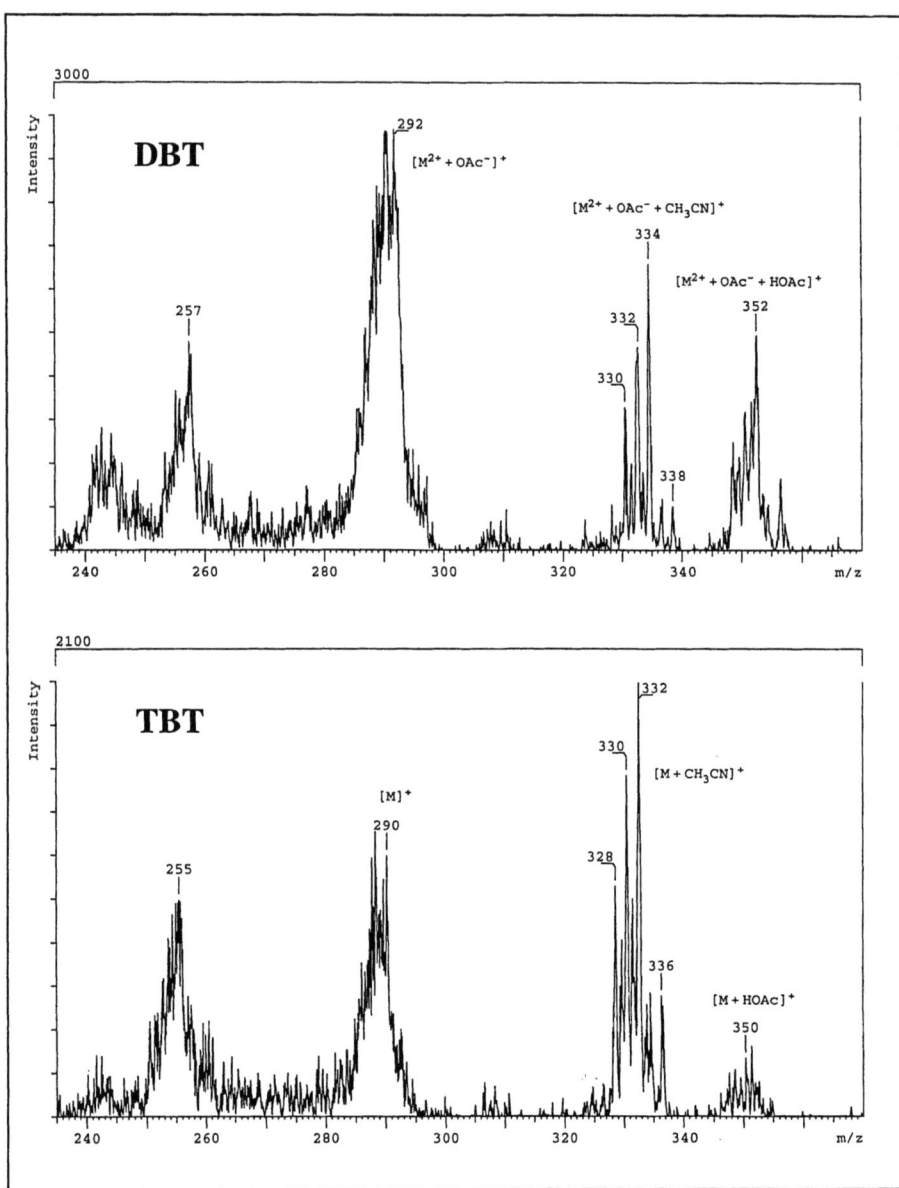

Abb. 6-17 Thermospray-Massenspekten von Dibutylzinn (DBT, oben) und Tributylzinn (TBT, unten), aufgenommen an einem einfachfokussierenden Sektorfeldgerät [42].

zweifache Ladung auf einem derart kleinen Ion ist offensichtlich energetisch so ungünstig, daß sich das DBT-Kation sofort mit einen Anion zusammenlagert; in diesem Fall handelt es sich um ein Acetat-Anion aus dem Laufmittel. Bei beiden Verbindungen entstehen weitere Cluster durch Anlagerung von Lösungsmittel und Puffer.

Da die Spektren in Abb. 6-17 an einem einfachfokussierenden Sektorfeldgerät aufgenommen wurden, ist eine unmittelbare Registrierung von metastabilen Übergängen [67, 106] möglich. Ionen mit dem Masse-zu-Ladungs-Verhältnis m_2, die im ersten feldfreien Raum — nach der Beschleunigungsphase, aber noch vor dem Magneten — aus Ionen mit m_1 gebildet werden, geben Signale bei einem Masse-zu-Ladungs-Verhältnis m^* von

$$m^* = \frac{m_2^2}{m_1}$$

Demzufolge entspricht das Signal bei m/z 244 im Spektrum des DBT dem Übergang 352 → 293, also der Abspaltung von Essigsäure aus dem Cluster. Der Peak bei m/z 257 gehört zum Übergang 334 → 293 und entspricht dem Verlust von Acetonitril. Analog dazu lassen sich auch die metastabilen Signale beim TBT zuordnen (m/z 255: 332 → 291, Acetonitril; m/z 242: 350 → 291, Acetat).

Die Ionen mit m/z 293 bzw. 291 werden demnach aus *mehreren* Vorläufer-Ionen gebildet. Interessant ist eine nähere Untersuchung der Peakform dieser Signale.

Wie wir an anderer Stelle [41] gezeigt haben, ist es im Thermospray-Prozeß möglich, daß ein Teil der Ionen erst dann gebildet wird, wenn die Cluster den Bereich des Quellenblocks bereits verlassen haben, aber noch in der Beschleunigungsphase sind. Das bedeutet, daß diese Ionen nicht die volle Beschleunigungsspannung durchlaufen und somit eine geringere kinetische Energie erhalten. Aus der gemessenen Peakbreite läßt sich im vorliegenden Fall abschätzen, daß die Ionen mit einer kinetischen Energie am Detektor eintreffen, die dem Durchlaufen von 100...98 % der Beschleunigungsspannung — je nach Entstehungsort — entspricht. Die geringere Energie führt dazu, daß diese Ionen im Spektrum bei niedrigerem m/z auftreten, so daß der Peak zu niedrigeren Massen hin verschoben und durch die breite Energieverteilung asymmetrisch "verschmiert" erscheint. Als Folge davon wird beispielsweise das Signal des Molekülions von TBT bei m/z 290 statt m/z 291 registriert, und die Massenskala des Spektrums wird ungenau. Nach SIMION-Rechnungen [41] entspricht diese Verschiebung einer Entstehung der Ionen auf den ersten ~7 mm im Bereich des *sampling cone* der Thermospray-Quelle.

Im Gegensatz dazu sind die anderen, gut aufgelösten Peaks auf Ionen zurückzuführen, die bereits beim Eintritt in die Ionenoptik in definierter, stabiler Form vorliegen. Dies ist bei den Lösungsmittel- und Acetatclustern der Fall. Daraus läßt sich folgern, daß diese Ionen bereits in der flüssigen Phase vorliegen oder sehr früh im Thermospray-Prozeß gebildet werden müssen.

Elektrospray. Die Elektrospray-Massenspektren der gleichen Verbindungen zeigt Abb. 6-18. Die höhere Auflösung ist durch die Verwendung des doppelfokussierenden Spektrometers bedingt. Es fällt auf, daß beide Verbindungen im Elektrospray kaum Cluster mit dem Laufmittel bilden. Dibutylzinn tritt auch hier als Acetatcluster auf, wobei das Anion aus dem essigsäurehaltigen Laufmittel stammt. Das Tributylzinn ist als freies Kation zu detektieren, ansonsten bildet es lediglich ein Addukt mit Methanol.

Für eine analytische Anwendung ist sowohl bei Elektrospray als auch bei Thermospray problematisch, daß die charakteristischen Ionen *beider* Verbindungen im Massenbereich von m/z 287...296 liegen. Eine direkte Möglichkeit zur Differenzierung zwischen den beiden Spezies bietet die Registrierung des Signals bei m/z 287. Dieses Ion tritt beim TBT mit 42 % relativer Intensität auf, während es beim DBT-Acetatcluster nur 2 % sind. Aus dem Intensitätsverhältnis zu anderen Massenspuren der Zinnisotope läßt sich ersehen, ob es sich um TBT oder DBT handelt. Da die Isotopenverteilungen bekannt sind, kann man bei ausreichender Ionenstatistik auf die Anteile der beiden Zinnverbindungen zurückrechnen. Zur sicheren Unterscheidung und Identifizierung benötigt man in den meisten Fällen jedoch zusätzliche Informationen, wie sie beispielsweise über die chromatographische Retentionszeit erhalten werden können.

Eine Alternative dazu bietet die gezielte Fragmentierung, wie das bereits in den vorigen Abschnitten beschrieben wurde. Die Spektren in Abb. 6-18 wurden mit niedriger CID-Spannung aufgenommen. Erhöht man diese Spannung, so läßt sich Fragmentierung erreichen, wie dies bereits in Abschnitt 6.3 (S. 108) beschrieben wurde. Abb. 6-19 zeigt dies am Beispiel des Tributylzinns. Aus dem oberen Spektrum ist zu ersehen, daß bei niedriger Spannung das Molekülion Basispeak ist; daneben sind nur wenige Cluster und kaum Fragmente zu erkennen. Peaks unterhalb m/z 270 sind wahrscheinlich auf Verunreinigungen zurückzuführen, da es sich bei den untersuchten Proben um technische Produkte handelte.

Jones und Betowski haben mit einem kommerziellen Interface selbst bei nur 7 V CID-Spannung noch Spektren erhalten, die starke Fragmentierung aufwiesen [107]. Im Gegensatz dazu zeigt Abb. 6-19 oben eine ausgesprochen geringe Fragmentierung, die sich mit dem vorliegenden Interface sehr gut kontrollieren läßt.

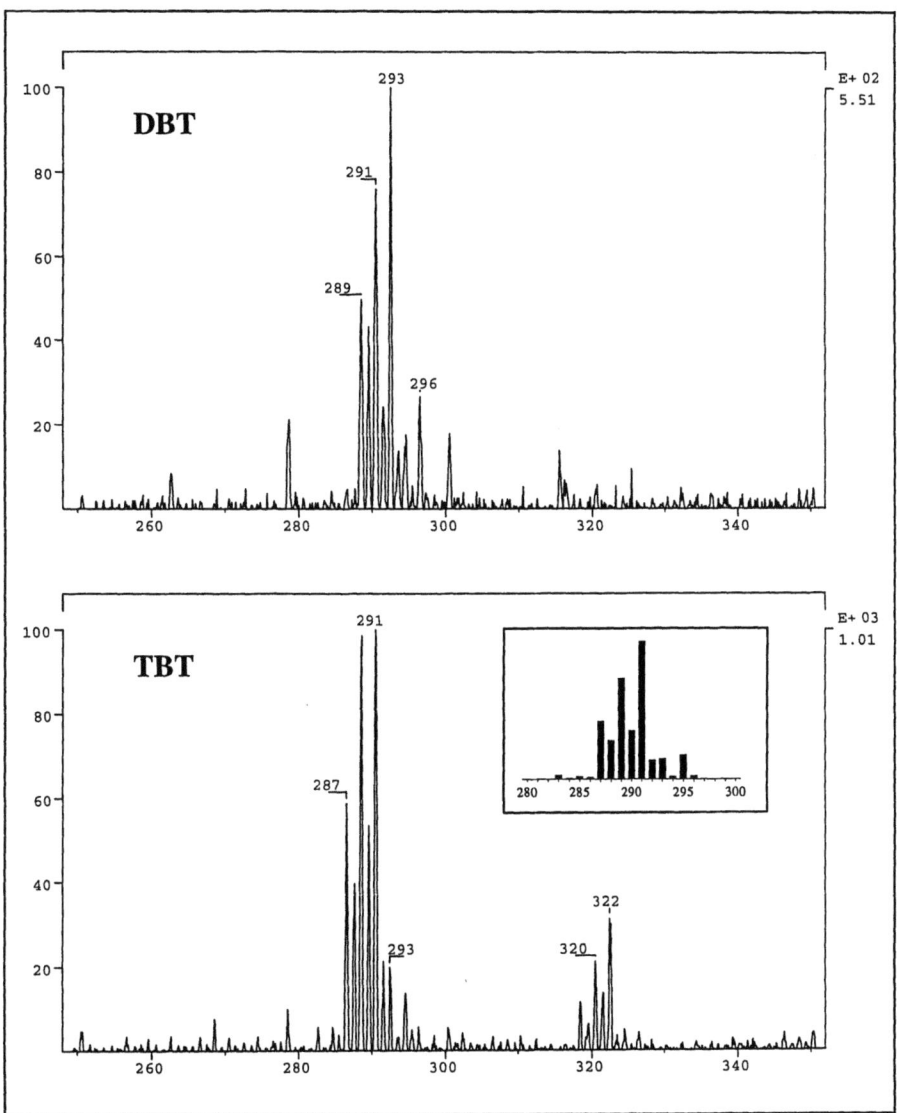

Abb. 6-18 Elektrospray-Massenspektren von Dibutylzinn (oben) und Tributylzinn (unten). Der Einschub zeigt das berechnete Isotopenmuster von TBT.

Bei Erhöhung der Spannung (Abb. 6-19 unten) verschwinden die Lösungsmittelcluster, und durch sukzessive Eliminierung von Buten entstehen charakteristische Fragmente. Siu *et al.* haben dies zur selektiven quantitativen Bestimmung von TBT mit MS/MS *ohne* vorgeschaltete Chromatographie eingesetzt [108]. Dabei wurden die Primärionen in der beschriebenen Weise

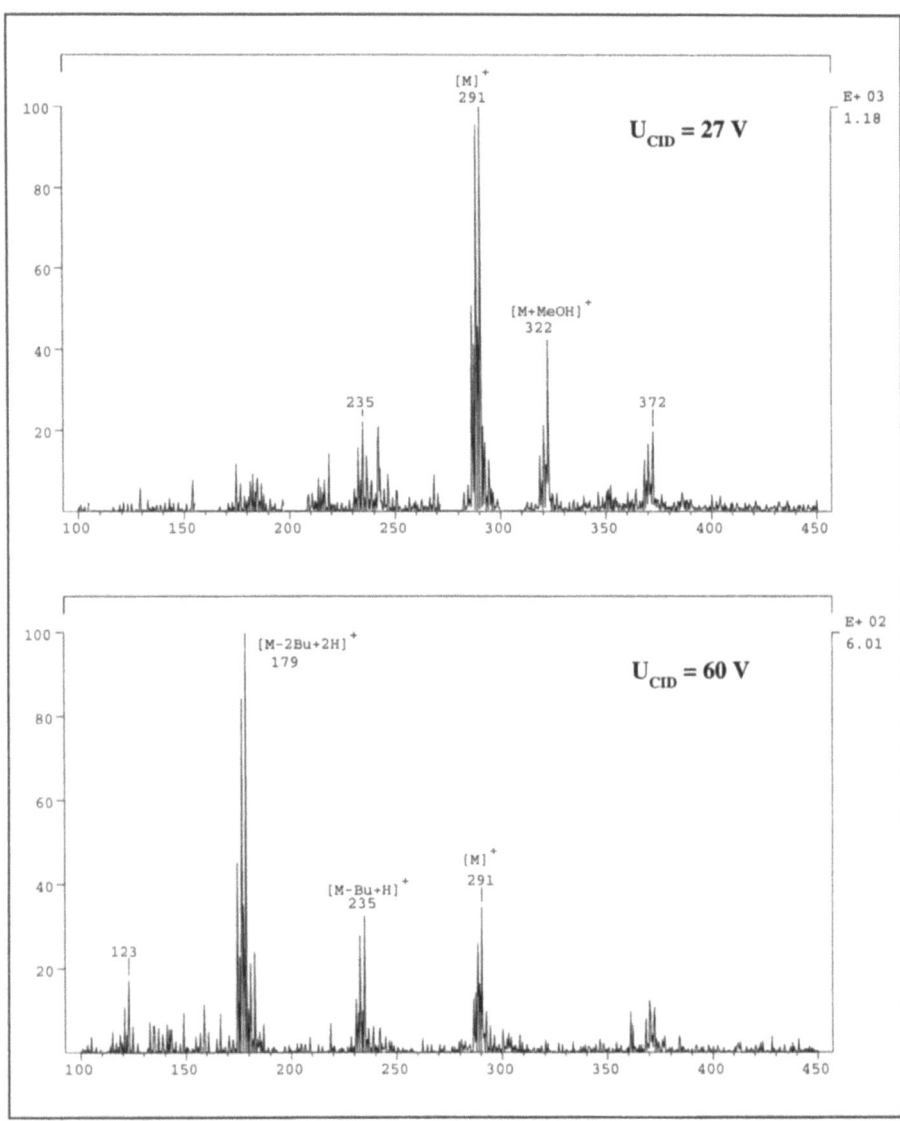

Abb. 6-19 *Elektrospray-Massenspektren von Tributylzinn bei verschiedenen CID-Spannungen. Laufmittel Methanol mit 2% Essigsäure.*

durch CID fragmentiert und anschließend nur diejenigen Ionen bei m/z 179 registriert, die einen Vorläufer mit m/z 291 haben; diese Zerfallsreaktion ist spezifisch für TBT. Diese Technik ist als *selected reaction monitoring* (SRM) bekannt. Allerdings reicht die Fragmentierung durch kollisionsinduzierten Zerfall im Bereich des Interfaces allein für diesen Zweck *nicht* aus, da die erforderliche Massenselektion fehlt. Siu *et al.* setzten dazu ein Tandem-Massenspektrometer (MS/MS) ein. Ebenfalls möglich ist die Verwendung eines doppelfokussierenden Sektorfeldgerätes, mit dem sich *linked scans* durchführen lassen. Dabei wird das erste Sektorfeld – im vorliegenden Fall der Magnet – verwendet, um die Ionen mit m/z 291 zu selektieren. Nach dem Durchlaufen des ersten Sektors werden diese Ionen im zweiten feldfreien Raum – zwischen Magnet und elektrostatischem Analysator – fragmentiert (ggfs. in einer Kollisionszelle) und anschließend im zweiten Sektor getrennt.

Beim Thermospray wäre dieses Prinzip grundsätzlich ebenfalls einsetzbar, allerdings tritt hier das Problem auf, daß ein großer Teil des Ionenstromes auf Cluster verteilt wird. Da Art und Intensität dieser Cluster stark vom Laufmittel und den speziellen Betriebsbedingungen abhängen, erscheint die Ionisation mit Elektrospray insgesamt erfolgversprechender [105].

7 Zusammenfassung

Die breite Anwendbarkeit der Ionisation bei Atmosphärendruck, besonders mit Elektrospray, war Anlaß, nach neuen Wegen zu suchen, auf denen das Leistungsvermögen dieser Technik verbessert werden kann.

In diesem Zusammenhang erfolgte die Entwicklung und Charakterisierung von zwei Interface-Konstruktionen zum Betrieb einer Elektrospray-Ionenquelle an einem doppelfokussierenden Sektorfeld-Massenspektrometer. Die beiden Interfaces unterscheiden sich in der Zahl der Pumpstufen und in der Art der Desolvatisierung. Beide erwiesen sich als technisch unproblematisch und robust, wobei der Aufbau mit zwei Pumpstufen und einer geheizten Transferkapillare für größere Moleküle und höhere Flußraten besser geeignet ist. Mit dieser Anordnung können auch wäßrige Lösungen mit Volumenströmen von weniger als 1 µl min^{-1} bis über 500 µl min^{-1} direkt dem Interface zugeführt werden. Die erzielbaren Nachweisgrenzen liegen beispielsweise für Reserpin bei *flow injection* mit 25 µl min^{-1} in der Größenordnung von 100 pg (S/N 10:1).

Sowohl positiv als auch negativ geladene Ionen können gemessen werden, wobei keine besonderen Maßnahmen zur Vermeidung von Corona-Entladungen erforderlich sind.

Für diese Interfaces wurde eine spezielle Ionenoptik entwickelt, die aus zwei elektrostatischen Quadrupollinsen besteht. Durch die stark fokussierenden Eigenschaften dieser Optik wird eine hohe Ionentransmission im Bereich des Quellenkopfes erreicht, während ihre weiten Abmessungen Kontaminationen vermeiden. Dieses Prinzip läßt sich bei beliebigen Sektorfeldgeräten einsetzen. Die Anordnung läßt sich problemlos mit den vorhandenen Spannungsversorgungen des Spektrometers betreiben und in die Steuerung des Gerätes integrieren. Die rechnergesteuerte Kontrolle aller Funktionen bleibt erhalten.

Der nutzbare, dynamische Bereich von Elektrospray ist abhängig von Konzentration, Flußrate und Ladungszustand einer Substanz. Eine einfache Beziehung wird hergeleitet, die diesen Zusammenhang quantitativ beschreibt und die eine Abschätzung erlaubt, inwieweit sich eine Messung bei gegebenen Parametern im linearen Konzentrationsbereich durchführen läßt.

Die Detektorcharakteristik wird diskutiert. Ein Massenspektrometer ist von seiner Konstruktion her ein massenflußabhängiger Detektor. Da bei einer Atmosphärendruck-Ionenquelle die Zuführung der Substanz im allgemeinen mit konstantem Volumenstrom erfolgt, hängt die Signalintensität nicht mehr von der Flußrate, sondern nur von der Konzentration der Ionen in der

Gasphase ab. Dadurch verhält sich ein Massenspektrometer mit einer solchen Ionenquelle nach außen hin wie ein konzentrationsabhängiger Detektor.

Durch die Bildung mehrfach geladener Ionen erlaubt Elektrospray die Massenbestimmung von "großen" Molekülen, die den nominellen Massenbereich des Spektrometers weit übersteigen. Dies wird am Beispiel einiger Peptide und Proteine gezeigt. Dabei wird auf die Massenbestimmung von unbekannten Nebenkomponenten eingegangen. Beispiele zur rechnergestützten Auswertung der Daten werden gezeigt.

Die gezielte, kollisionsinduzierte Fragmentierung der Analytmoleküle ist durch Änderung der Potentiale im Interface möglich. Durch die Anwendung dieser Technik können Spektren erhalten werden, die denen aus anderen Ionisationsmethoden, wie FAB und Thermospray, sehr ähnlich sind. Dennoch ist der Mechanismus der Fragmentierung nicht notwendigerweise identisch. Am Beispiel des Tetrabutylammonium-Kations wird gezeigt, daß bei FAB und Elektrospray verschiedene Fragmentierungsreaktionen ablaufen.

Elektrospray ist eine ausgesprochen "sanfte" Ionisationsmethode. Während das Makrolid Erythromycin A bei Ionisation durch FAB und durch Thermospray stark fragmentiert, läßt sich mit Elektrospray der Grad der Fragmentierung einstellen. Das Ausmaß dieser Effekte kann variiert werden, um auf diese Weise sowohl die Molekülmasse als auch detaillierte Strukturinformationen zu erhalten. Durch die einfache Spannungssteuerung kann dies während einer Analyse auch automatisiert durchgeführt werden.

Am Beispiel von Gramicidin S wird die Eignung von Elektrospray zum schnellen *screening* einer Substanzprobe gezeigt.

Bei Organozinnverbindungen wie Di- und Tributylzinn geht bei Thermospray-Ionisation ein großer Teil des Ionenstromes durch Cluster, die auch metastabile Übergänge zeigen, verloren. Im Gegensatz dazu ist bei Elektrospray die Bildung von Clustern nur schwach, und die Spektren zeigen fast nur die Molekülionen. Auch hier läßt sich über Kollisionseffekte eine gesteuerte Fragmentierung einstellen.

8 Literaturverzeichnis

[1] M. Barber, R. S. Bordoli, R. D. Sedgwick, A. N. Tyler. Fast Atom Bombardment of Solids (F.A.B.): A New Ion Source for Mass Spectrometry. *J. Chem. Soc. Chem. Commun.* (1981), 325-327.

[2] R. M. Caprioli. Continuous-Flow Fast Atom Bombardment Mass Spectrometry. *Anal. Chem.* **62** (1990), 477A-485A.

[3] (a) C. R. Blakley, J. J. Carmody, M. L. Vestal. A New Soft Ionization Technique for Mass Spectrometry of Complex Molecules. *J. Am. Chem. Soc.* **102** (1980), 5931-5933.

(b) C. R. Blakley, J. J. Carmody, M. L. Vestal. Liquid Chromatograph-Mass Spectrometer for Analysis of Nonvolatile Samples. *Anal. Chem.* **52** (1980), 1636-1641.

[4] J. D. Henion. Drug Analysis by Continuously Monitored Liquid Chromatography/Mass Spectrometry with a Quadrupole Mass Spectrometer. *Anal. Chem.* **50** (1976), 1687-1693.

[5] (a) R. C. Willoughby, R. F. Browner. Monodisperse Aerosol Generation Interface for Combining Liquid Chromatography with Mass Spectrometry. *Anal. Chem.* **56** (1984), 2626-2631.

(b) P. C. Winkler, D. D. Perkins, W. K. Williams, R. F. Browner. Performance of an Improved Monodisperse Aerosol Generation Interface for Liquid Chromatography-Mass Spectrometry. *Anal. Chem.* **60** (1988), 489-493.

[6] W. V. Lignon Jr., S. B. Dorn. Particle Beam Interface for Liquid Chromatography/Mass Spectrometry. *Anal. Chem.* **62** (1990), 2573-2580.

[7] B. P. Stimpson, D. S. Simons, C. A. Evans Jr. Mass Spectrometry of Solvated Ions Generated Directly from the Liquid Phase by Electrohydrodynamic Ionization. *J. Phys. Chem.* **82** (1978), 660-670.

[8] (a) E. C. Horning, M. G. Horning, D. I. Carroll, I. Dzidic, R. N. Stillwell. New Picogram Detection System Based on a Mass Spectrometer with an External Ionization Source at Atmospheric Pressure. *Anal. Chem.* **45** (1973), 936-943.

(b) E. C. Horning, D. I. Carroll, I. Dzidic, K. D. Haegele, M. G. Horning, R. N. Stillwell. Liquid Chromatograph-Mass Spectrometer-Computer Analytical Systems: A Continuous-flow System Based on Atmospheric Pressure Ionization Mass Spectrometry. *J. Chromatogr.* **99** (1974), 13-21.

(c) D. I. Carroll, I. Dzidic, R. N. Stilwell, K. D. Haegele, E. C. Horning. Atmospheric Pressure Ionization Mass Spectrometry: Corona Discharge Ion Source for Use in Liquid Chromatograph-Mass Spectrometer-Computer Analytical System. *Anal. Chem.* **47** (1975), 2369-2373.

(d) I. Dzidic, D. I. Carroll, R. N. Stilwell, E. C. Horning. Comparison of Positive Ions Formed in Nickel-63 and Corona Discharge Ion Sources Using Nitrogen, Argon, Isobutane, Ammonia and Nitric Oxide as Reagents in Atmospheric Pressure Ionization Mass Spectrometry. *Anal. Chem.* **48** (1976), 1763-1767.

[9] B. A. Thomson, J. V. Iribarne, P. J. Dziedzic. Liquid Ion Evaporation/Mass Spectrometry/Mass Spectrometry for the Detection of Polar and Labile Molecules. *Anal. Chem.* **54** (1982), 2219-2224.

[10] Sciex Inc. (Hrsg.). *The API Book*. Kanada: Firmenschrift Sciex Inc. 5. Auflage 1990.

[11] R. L. Hines. Electrostatic Atomization and Spray Painting. *J. Appl. Phys.* **37** (1966), 2730-2736.

[12] (a) B. Vonnegut, R. L. Neubauer. Production of Monodisperse Liquid Particles by Electrical Atomization. *J. Colloid Sci.* **7** (1952), 616-622.

(b) A. Doyle, D. R. Mofett, B. Vonnegut. Behaviour of Evaporating Electrically Charged Droplets. *J. Colloid Sci.* **19** (1964), 136-143.

(c) M. A. Abbas, J. Latham. The Instability of Evaporating Charged Droplets. *J. Fluid Mech.* **30** (1967), 663-670.

(d) J. W. Schweizer, D. N. Hanson. Stability Limit of Charged Drops. *J. Colloid. Interf. Sci.* **35** (1971), 417-423.

[13] M. Dole, L. D. Ferguson, R. L. Hines, R. C. Mobley, L. D. Ferguson, M. B. Alice. Molecular Beams of Macroions. *J. Chem. Phys.* **49** (1968), 2240-2249.

[14] M. Yamashita, J. B. Fenn. Electrospray Ion Source. Another Variation on the Free-Jet Theme. *J. Phys. Chem.* **88** (1984), 4451-4459.

[15] M. Yamashita, J. B. Fenn. Negative Ion Production with the Electrospray Ion Source. *J. Phys. Chem.* **88** (1984), 4671-4675.

[16] M. L. Aleksandrov, L. N. Gall', N. V. Krasnov, V. I. Nikolaev, V. A. Shkurov. Mass Spectrometric Analysis of Thermally Unstable Compounds of Low Volatility by the Extraction of Ions from Solution at Atmospheric Pressure. *J. Anal. Chem. USSR* **40** (1985), 1227-1236.

[17] C. M. Whitehouse, R. N. Dreyer, M. Yamashita, J. B. Fenn. Electrospray Interface for Liquid Chromatographs and Mass Spectrometers. *Anal. Chem.* **57** (1985), 675-679.

[18] S. F. Wong, C. K. Meng, J. B. Fenn. Multiple Charging in Electrospray Ionization of Poly(ethylene glycols). *J. Phys. Chem.* **92** (1988), 546-550.

[19] J. A. Olivares, N. T. Nguyen, C. R. Yonker, R. D. Smith. On-Line Mass Spectrometric Detection for Capillary Zone Electrophoresis. *Anal. Chem.* **59** (1987), 1230-1232.

[20] (a) A. P. Bruins, T. R. Covey, J. D. Henion. Ion Spray Interface for Combined Liquid Chromatography/Atmospheric Pressure Ionization Mass Spectrometry. *Anal. Chem.* **59** (1987), 2642-2646.

(b) J. D. Henion, T. R. Covey, A. P. Bruins. *Ion Spray Interface Device between Liquid Chromatograph and Mass Spectrometer*. US Patent 4861988 vom 30.09.87. Anmelder: Cornell Research Foundation Inc. Abstract in Chem. Abstr. 112:04, 030093, 1990.

[21] Lord Rayleigh. On the Equilibrium of Liquid Conducting Masses Charged with Electricity. *Philosophical Magazine and Journal of Science (Philos. Mag.)* **14** (1882), 184-186.

[22] P. Kebarle, L. Tang. From Ions in Solution to Ions in the Gas Phase. *Anal. Chem.* **65** (1993), 972A-986A.

[23] (a) J. V. Iribarne, B. A. Thomson. On the Evaporation of Small Ions from Charged Droplets. *J. Chem. Phys.* **64** (1976), 2287-2294.

(b) B. A. Thomson, J. V. Iribarne. Field Induced Ion Evaporation from Liquid Surfaces at Atmospheric Pressure. *J. Chem. Phys.* **71** (1979), 4451-4463.

[24] (a) F. W. Röllgen, E. Bramer-Weger, L. Bütfering. Field Ion Emission from Liquid Solutions: Ion Evaporation against Electrohydrodynamic Disintegration. *J. Phys. (Paris)* **48** (1987), 253-256.

(b) F. W. Röllgen, H. Nehring, U. Giessmann. Mechanisms of Field Induced Desolvation of Ions from Liquids. In: A. Hedin, B. U. R. Sundqvist, A. Benninghoven (Hrsg.), *Proceedings of the Fifth International Conference on Ion Formation from Organic Solids (IFOS V)*. New York: Wiley & Sons. 1989. S. 155-160.

[25] (a) G. Schmelzeisen-Redeker, L. Bütfering, U. Giessmann, F. W. Röllgen. Formation and Decomposition of Charged Solid Particles in Thermospray Mass Spectrometry. *Adv. Mass Spectrom.* Vol. 10 B. 1986. S. 631-632.

(b) G. Schmelzeisen-Redeker, L. Bütfering, F. W. Röllgen. Desolvation of Ions and Molecules in Thermospray Mass Spectrometry. *Int. J. Mass Spectrom. Ion Processes* 90 (1989), 139-150.

[26] F. W. Röllgen, U. Lüttgens, Th. Dülcks, U. Giessmann. On the Release of Ions from Charged Droplets in Electrospray Mass Spectrometry. San Francisco: *Proceedings of the 41st ASMS Conference on Mass Spectrometry and Allied Topics.* 1993.

[27] (a) H. Dehmelt. Experimente mit einem isolierten, subatomaren, ruhenden Teilchen (Nobel-Vortrag). *Angew. Chem.* 102 (1990), 774-779.

(b) W. Paul. Elektromagnetische Käfige für geladene und neutrale Teilchen (Nobel-Vortrag). *Angew. Chem.* 102 (1990), 780-789.

[28] (a) G. J. van Berkel, G. L. Glish, S. A. McLuckey. Electrospray Ionization Combined with Ion Trap Mass Spectrometry. *Anal. Chem.* 62 (1990), 1284-1295.

(b) A. V. Mordehai, G. Hopfgartner, T. G. Huggins, J. D. Henion. Atmospheric-pressure Ionization Interface for a Bench-Top Quadrupole Ion Trap. *Rapid Commun. Mass Spectrom.* 6 (1992), 508-516.

[29] J. D. Williams, K. A. Cox, R. G. Cooks, R. E. Kaiser Jr., J. C. Schwartz. High Mass-resolution Using a Quadrupole Ion-trap Mass Spectrometer. *Rapid Commun. Mass Spectrom.* 5 (1991), 327-329.

[30] (a) S. C. Beu, M. W. Senko, J. P. Quinn, F. M. Wampler, F. W. McLafferty. Fourier-Transform Electrospray Instrumentation for Tandem High-Resolution Mass Spectrometry of Large Molecules. *J. Am. Soc. Mass Spectrom.* 4 (1993), 557-565.

(b) B. E. Winger, S. A. Hofstadler, J. E. Bruce, H. R. Udseth, R. D. Smith. High-Resolution Accurate Mass Measurements of Biomolecules Using a New Electrospray Ionization Ion Cyclotron Resonance Mass Spectrometer. *J. Am. Soc. Mass Spectrom.* 4 (1993), 566-577.

[31] C. Brunnée. The Ideal Mass Analyzer: Fact or Fiction? *Int. J. Mass Spectrom. Ion Proc.* 76 (1987), 125-237.

[32] (a) J. G. Boyle, C. M. Whitehouse, J. B. Fenn. An Ion-Storage Time-of-flight Mass Spectrometer for Analysis of Electrospray Ions. *Rapid Commun. Mass Spectrom.* 5 (1991), 400-405.

(b) J. G. Boyle, C. M. Whitehouse. Time-of-flight Mass Spectrometry with an Electrospray Ion Beam. *Anal. Chem.* 64 (1992), 2084-2089.

(c) S. M. Michael, B. M. Chien, D. M. Lubman. Detection of Electrospray Ionization Using a Quadrupole Ion Trap Storage/Reflectron Time-of-flight Mass Spectrometer. *Anal. Chem.* 65 (1993), 2614-2620.

[33] C. N. McEwen, B. S. Larsen. Accurate Mass Measurement of Proteins Using Electrospray Ionization on a Magnetic Sector Instrument. *Rapid Commun. Mass Spectrom.* 6 (1992), 173-178.

[34] J. R. Chapman, R. T. Gallagher, E. C. Barton, J. M. Curtis, P. J. Derrick. Advances of High-resolution and High-mass Range Magnetic-Sector Mass Spectrometry for Electrospray Ionization. *Org. Mass Spectrom.* 27 (1992), 195-203.

[35] R. B. Cody, J. Tamura, B. D. Musselman. Electrospray Ionization/Magnetic Sector Mass Spectrometry: Calibration, Resolution, and Accurate Mass Measurements. *Anal. Chem.* 64 (1992), 1561-1570.

[36] A. M. Starrett, G. C. DiDonato. High Resolution Accurate Mass Measurement of Product Ions Formed in an Electrospray Source on a Sector Instrument. *Rapid Commun. Mass Spectrom.* 7 (1993), 12-15.

[37]   P. Dobberstein, E. Schröder. Accurate Mass Determination of a High Molecular Weight Protein Using Electrospray Ionization with a Magnetic Sector Instrument. *Rapid Commun. Mass Spectrom.* **7** (1993), 861-864.

[38]   (a) S. K. Chowdhury, V. Katta, B. T. Chait. An Electrospray-Ionization Mass Spectrometer with New Features. *Rapid Commun. Mass Spectrom.* **4** (1990), 81-87.

(b) S. K. Chowdhury, V. Katta, B. T. Chait. *Electrospray-ionization Mass Spectrometer with New Features*. US Patent 4977320 A vom 11.12.1990. Anmelder: Rockefeller University. Abstract in Chem. Abstr. 114(18), 177684z.

[39]   (a) M. Hail, I. Mylchreest. Characterization of a New Atmospheric Pressure Ionization Interface for Liquid Chromatography/Mass Spectrometry. San Francisco: *Proceedings of the 41st ASMS Conference on Mass Spectrometry and Allied Topics.* 1993. S. 745.

(b) I. Mylchreest, M. Hail. A Heated Capillary Atmospheric Pressure Ionization Source with an Atmospheric Pressure Chemical Ionization Interface. San Francisco: *Proceedings of the 41st ASMS Conference on Mass Spectrometry and Allied Topics.* 1993. S. 1074.

[40]   J. Hau, W. Schrader, M. Linscheid. Continuous-flow Fast Atom Bombardment Mass Spectrometry: a Concept to Improve the Sensitivity. *Org. Mass Spectrom.* **28** (1993), 216-222.

[41]   J. Hau, W. Nigge, M. Linscheid. A New Ion Source for Liquid Chromatography/Thermospray Mass Spectrometry with a Magnetic Sector Field Mass Spectrometer. *Org. Mass Spectrom.* **28** (1993), 223-229.

[42]   W. Nigge. *Bestimmung von zinnorganischen Verbindungen mit der Thermospray LC/MS*. Fachhochschule Steinfurt und Institut für Spektrochemie und angewandte Spektroskopie Dortmund: Diplomarbeit. 1993.

[43]   J. Hau, M. Linscheid. MSGRAPH: A Program for the Display of LC/MS Data. *Spectrochimica Acta* **48B** (1993), E1047-E1051.

[44]   (a) C. F. Giese. Strong Focusing Ion Source for Mass Spectrometers. *Rev. Sci. Instr.* **30** (1959), 260-261.

(b) H. A. Enge. Ion Focusing Properties of a Quadrupole Lens Pair. *Rev. Scvi. Instr.* **30** (1959), 248-251.

(c) C.-S. Lu, H. E. Carr. Electrostatic Quadrupole Lens Pair for Mass Spectrometers. *Rev. Sci. Instr.* **33** (1962), 823-824.

(d) H. A. Enge. Ion-focusing Properties of a Three-Element Quadrupole Lens System. *Rev. Sci. Instr.* **32** (1961), 662-665.

(e) E. T. Kinzer, H. Carr. Strong-focusing Ion Source. *Rev. Sci. Instr.* **30** (1959), 1132.

[45]   (a) C. E. D. Ouwerkerk, A. J. H. Boerboom. A Low-voltage Ion Desorption Source for High Molecular Weight Ions. *Int. J. Mass Spectrom. Ion Proc.* **71** (1986), 59-73.

(b) C. E. D. Ouwerkerk. *A High-Resolution Tandem Mass Spectrometer for the Collision-Induced Dissociation of Large Molecular Ions*. Universität Amsterdam: Dissertation. 1986.

[46]   G. Kilpatrick, I. A. S. Lewis, J. F. Smith. The Reduction of Collision Induced Dissociation Effects in Thermospray Sources on Sector Instruments. *Biomed. Environm. Mass Spectrom.* **14** (1987), 155-159.

[47]   H. Kambara. Sample Introduction System for Atmospheric Pressure Ionization Mass Spectrometry of Nonvolatile Compounds. *Anal. Chem.* **54** (1982), 143-146.

[48]   J. Hau. *Thermospray-LC/MS: Systemoptimierung in Verbindung mit einer neuartigen Ionenquelle für Sektorfeld-Massenspektrometer*. Universität Münster und Institut für Spektrochemie und angewandte Spektroskopie Dortmund: Diplomarbeit. 1990.

[49] (a) D. A. Dahl. *SIMION PC/PS2 Ion Lens Program, Overlay Version 4.01*, Idaho National Engineering Laboratory Revision.

(b) D. A. Dahl, J. E. Delmore. *The SIMION PC/PS2 User's Manual, Version 4.0*. Idaho National Engineering Laboratory / U.S. Dept. of Energy. 1988.

[50] P. Jayaweera, L. Ramaley, A. J. H. Boerboom. Electrostatic Quadrupole Lens Simulation in Potential Array Relaxation Programs. *Rapid Commun. Mass Spectrom.* **3** (1989), 140-144.

[51] E. E. Gulcicek, C. M. Whitehouse, J. G. Boyle. Fundamental Energy Studies of Electrospray Ions Entrained in a Free Jet Expansion. San Francisco: *Proceedings of the 41st ASMS Conference on Mass Spectrometry and Allied Topics.* 1993. S. 746.

[52] T. Covey, D. J. Douglas. Collision Cross Sections for Protein Ions. *J. Am. Soc. Mass Spectrom.* **4** (1993), 616-623.

[53] S. D. Tanner. Space Charge in ICP-MS: Calculation and Implications. *Spectrochim. Acta* **47B** (1992), 809-823.

[54] A. P. Bruins. Mass Spectrometry with Ion Sources Operating at Atmospheric Pressure. *Mass Spectrom. Rev.* **10** (1991), 53-77.

[55] P. W. Atkins. *Physikalische Chemie*. Weinheim: Verlag Chemie. 1987. ISBN 3-527-25913-9.

(a) Kap. 26.2, S. 665 ff.

(b) Kap. 32, S. 811 ff.

(c) Kap. 7.6, S. 158 ff.

(d) Kap. 27.3 c, S. 696 f.

[56] R. D. Smith, K. J. Light-Wahl. The Observation of Non-covalent Interactions in Solution by Electrospray Ionization Mass Spectrometry: Promise, Pitfalls and Prognosis. *Biol. Mass Spectrom.* **22** (1993), 493-501.

[57] D. J. Douglas, J. B. French. Collisional Focusing Effects in Radio Frequency Quadrupoles. *J. Amer. Soc. Mass Spectrom.* **3** (1992), 398-408.

[58] R. G. Cooks, G. L. Glish, S. A. McLuckey, R. E. Kaiser. Ion Trap Mass Spectrometry. *Chem. Eng. News* (1991), 26-41.

[59] (a) A. H. Grange, R. J. O'Brien, D. F. Barofsky. Discharge Suppression System for a Double Focusing, Atmospheric Pressure Ionization Mass Spectrometer. *Rev. Sci. Instr.* **59** (1988), 656-658.

(b) A. H. Grange, R. J. O'Brien, D. F. Barofsky. Medium resolution Atmospheric Pressure Ionization Mass Spectrometer. *Rev. Sci. Instr.* **59** (1988), 573-579.

[60] J. H. Futrell, L. H. Wojcik. Modification of High Resolution Mass Spectrometer for Chemical Ionization Studies. *Rev. Sci. Instr.* **42** (1971), 244-251.

[61] (a) S. B. Ryali, J. B. Fenn. Clustering in Free Jets - Aggregation by Dispersion. *Ber. Bunsenges. Phys. Chem.* **88** (1984), 245-253.

(b) R. Campargue. Progress in Overexpanded Supersonic Jets and Skimmed Molecular Beams in Free-Jet Zones of Silence. *J. Phys. Chem.* **88** (1984), 4466-4474.

(c) A. Kantrowitz, J. Grey. A High Intensity Source for the Molecular Beam. Part I. Theoretical. *Rev. Sci. Instr.* **22** (1951), 328-332.

(d) G. B. Kistiakowsky, W. P. Slichter. A High Intensity Source for the Molecular Beam. Part II. Experimental. *Rev. Sci. Instr.* **22** (1951), 333-337.

[62] K. Hiraoka, I. Kudaka. Electrospray Interface for Liquid Chromatography/Mass Spectrometry. *Rapid Commun. Mass Spectrom.* **4** (1990), 519-526.

[63] R. Pertel. Molecular Beam sampling of Dynamic Systems. *Int. J. Mass Spectrom. Ion Proc.* **16** (1975), 39-52.

[64] R. T. Gallagher, J. R. Chapman, M. Mann. Design and Performance of an Electrospray Ionization Source for a Doubly-focusing Magnetic Sector Mass Spectrometer. *Rapid Commun. Mass Spectrom.* **4** (1990), 369-372.

[65] R. D. Smith, J. A. Loo, C. G. Edmonds, C. J. Barinaga, H. R. Udseth. New Developments in Biochemical Mass Spectrometry: Electrospray Ionization. *Anal. Chem.* **62** (1990), 882-899.

[66] E. E. Gulcicek, C. M. Whitehouse. Optimized Lens Configuration Studies for a Two Stage Electrospray Ionization Mass Spectrometer Interface. Washington: *Proceedings of the 40th ASMS Conference on Mass Spectrometry and Allied Topics.* 1992. S. 1649-1650.

[67] H. Budzikiewicz. *Massenspektrometrie.* Weinheim: VCH Verlagsgesellschaft. 3. Auflage 1992. ISBN 3-527-26870-7.

[68] F. M. Wampler, A. T. Blades, P. Kebarle. Negative Ion Electrospray Ionization Mass Spectrometry of Nucleotides - Ionization from Water Solution with SF_6 Discharge Suppression. *J. Am. Soc. Mass Spectrom.* **4** (1993), 289-295.

[69] M. G. Ikomonou, A. T. Blades, P. Kebarle. Electrospray-Ion Spray: A Comparison of Mechanisms and Performance. *Anal. Chem.* **63** (1991), 1989-1998.

[70] J. W. Finch, B. D. Musselman, J. F. Banks, C. M. Whitehouse. Electrospray Ionization at LC Compatible Flow Rates on a Magnetic Sector Mass Spectrometer. San Francisco: *Proceedings of the 41st ASMS Conference on Mass Spectrometry and Allied Topics.* 1993. S. 287.

[71] M. Mann. *Quantitative Aspects of Electrospray Mass Spectrometry.* Yale University: Dissertation. 1989.

[72] M. Mann. Electrospray: Its Potential and Limitations as an Ionization Method for Biomolecules. *Org. Mass Spectrom.* **25** (1990), 575-587.

[73] M. G. Ikonomou, A. T. Blades, P. Kebarle. Investigations of the Electrospray Interface for Liquid Chromatography/Mass Spectrometry. *Anal. Chem.* **62** (1990), 957-967.

[74] K. Hiraoka. How Are Ions Formed from Electrosprayed Charged Liquid Droplets? *Rapid Commun. Mass Spectrom.* **6** (1992), 463-468.

[75] K. Morand, G. Talbo, M. Mann. Oxidation of Peptides During Electrospray Ionization. *Rapid Commun. Mass Spectrom.* **7** (1993), 738-743.

[76] G. J. van Berkel, S. A. McLuckey, G. L. Glish. Electrochemical Origin of Radical Cations Observed in Electrospray Ionization Mass Spectra. *Anal. Chem.* **64** (1992), 1586-1593.

[77] D. P. H. Smith. The Electrohydrodynamic Atomization of Liquids. *IEEE Transact. Industr. Applic.* **IA-22** (1986), 527-535.

[78] U. Lüttgens. *Optische Untersuchungen zum feldinduzierten Abbau von Glycerol unter den Bedingungen der elektrohydrodynamischen und Elektrospray-Massenspektrometrie.* Universität Bonn: Diplomarbeit. 1990.

[79] (a) I. Hayati, A. I. Bailey, T. F. Tadros. Investigations into the Mechanisms of Electrohydrodynamic Spraying of Liquids. I. Effect of Electric Field and the Environment of Pendant Drops and Factors Affecting the Formation of Stable Jets and Atomization. *J. Colloid. Interface Sci.* **117** (1987), 205-221.

(b) I. Hayati, A. I. Bailey, T. F. Tadros. Investigations into the Mechanisms of Electrohydrodynamic Spraying of Liquids. II. Mechanism of Stable Jet Formation and Electrical Forces Acting on a Liquid Cone. *J. Colloid. Interface Sci.* **117** (1987), 222-230.

[80] G. Taylor. Disintegration of Water Drops in an Electric Field. *Proc. Roy. Soc. London A* **280** (1964), 383-397.

[81] (a) J. F. de la Mora, A. Gomez. Remarks on the paper "Generation of Micron-sized Droplets from the Taylor Cone". *J. Aerosol. Sci.* **24** (1993), 691-695.

(b) G. M. H. Meesters, J. C. M. Marijnissen, B. Scarlett. Response to Remarks by Fernandez de la Mora and Gomez on our paper "Generation of Micron-sized Droplets from the Taylor Cone". *J. Aerosol. Sci.* **24** (1993), 697-702.

[82] F. Charbonnier, C. Rolando, F. Saru, P. Hapiot, J. Pinson. Short Time-scale Observation of an Electrospray Current. *Rapid Commun. Mass Spectrom.* **7** (1993), 707-710.

[83] M. G. Ikomonou, A. T. Blades, P. Kebarle. Electrospray Mass Spectrometry of Methanol and Water Solutions. Suppression of Electric Discharge with SF_6 Gas. *J. Am. Soc. Mass Spectrom.* **2** (1991), 497-505.

[84] A. T. Blades, M. G. Ikomonou, P. Kebarle. Mechanism of Electrospray Mass Spectrometry. Electrospray as an Electrolysis Cell. *Anal. Chem.* **63** (1991), 2109-2114.

[85] J. Falbe, M. Regnitz (Hrsg.). *Römpp Chemie-Lexikon*. Stuttgart: Georg Thieme Verlag. 9. Auflage 1989-1992.

[86] D. C. Gale, R. D. Smith. Small Volume and Low Flow-Rate Electrospray Ionization Mass Spectrometry of Aqueous Samples. *Rapid Commun. Mass Spectrom.* **7** (1993), 1017-1021.

[87] L. Tang, P. Kebarle. Effect of the Conductivity of the Electrosprayed Solution on the Electrospray Current. Factors Determining Analyte Sensitivity in Electrospray Mass Spectrometry. *Anal. Chem.* **63** (1991), 2709-2715.

[88] A. Raffaelli, A. P. Bruins. Factors Affecting the Ionization Efficiency of Quaternary Ammonium Compounds in Electrospray/Ionspray Mass Spectrometry. *Rapid Commun. Mass Spectrom.* **5** (1991), 269-275.

[89] A. Raffaeli, R. Kostiainen, A. P. Bruins. Interference from Sodium Salts and Sample Absorption in Electrospray Experiments. Amsterdam: *Proceedings of the 12th Intern. Mass Spectrom. Conference*. 1991.

[90] L. Tang, P. Kebarle. Dependence of Ion Intensity in Electrospray Mass Spectrometry on the Concentration of the Analytes in the Electrosprayed Solution. *Anal. Chem.* **65** (1993), 3654-3668.

[91] R. Kostiainen, A. P. Bruins. Sensitivity, Dynamic Range and Solvent Effects in Electrospray (IonSpray) Ionization. San Francisco: *Proceedings of the 41st ASMS Conference on Mass Spectrometry and Allied Topics*. 1993.

[92] (a) G. Hopfgartner, T. Wachs, K. Bean, J. Henion. High-Flow Ion Spray Liquid Chromatography/Mass Spectrometry. *Anal. Chem.* **65** (1993), 439-446.

(b) G. Hopfgartner, K. Bean, J. Henion, R. Henry. Ion Spray Mass Spectrometric Detection for Liquid Chromatography - A Concentration-or a Mass-Flow-Sensitive Device? *J. Chromatogr.* **647** (1993), 51-61.

[93] W. M. A. Niessen, J. van der Greef. *Liquid Chromatography - Mass Spectrometry: Principles and Applications*. New York: Marcel Dekker. 1992. ISBN 0-8247-8635-1.

[94]   T. Erdez-Grúz. *Kinetics of Electrode Processes.* London: Adam Hilger. 1972. ISBN 8-527-4182-0. Kap. 3.6, S. 113-117.

[95]   P.J. Arpino, P. Krien, S. Vajta, G. Devant. Optimization of the Instrumental Parameters of a Combined Liquid Chromatograph-Mass Spectrometer, coupled by an Interface for Direct Liquid Introduction. II. Nebulization of Liquids by Diaphragms. *J. Chromatogr.* **203** (1981), 117-130.

[96]   M. Mann, C. K. Meng, J. B. Fenn. Interpreting Mass Spectra of Multiply Charged Ions. *Anal. Chem.* **61** (1989), 1702-1708.

[97]   J. M. Curtis, C. D. Bradley, P. J. Derrick, M. M. Sheil. 4-Sector Tandem Mass Spectrometry - A Comparison of the Molecular and Quasi-Molecular Ions of the Cyclic Depsipeptide Valinomycin Formed Using Electron Impact, Chemical Ionization, Fast Atom Bombardment, Field Desorption and Electrospray Ionization. *Org. Mass Spectrom.* **27** (1992), 502-507.

[98]   (a) S. F. Gull, J. Skilling. Maximum Entropy Method in Image Processing. *IEE Proc.* **131** (1984), 646-659.

(b) B. Buck, V. A. MacAulay (Hrsg.). *Maximum Entropy in Action.* Oxford: Clarendon Press. 1991. ISBN 0-19-853941-X.

[99]   A. G. Ferrige, M. J. Seddon, B. N. Green, S. A. Jarvis, J. Skilling. Disentangling Electrospray Spectra with Maximum Entropy. *Rapid Commun. Mass Spectrom.* **6** (1992), 707-711.

[100]   R. D. Voyksner, T. Pack. Investigation of Collisional-activation Decomposition Process and Spectra in the Transport Region of an Electrospray Single-quadrupole Mass Spectrometer. *Rapid Commun. Mass Spectrom.* **5** (1991), 263-268.

[101]   S. Pleasance, J. Kelly, M. D. Leblanc, M. A. Quilliam, R. K. Boyd, D. D. Kitts, K. McErlane, M. R. Bailey, D. H. North. Determination of Erythromycin A in Salmon Tissue by Liquid Chromatography with Ionspray Mass Spectrometry. *Biol. Mass Spectrom.* **21** (1992), 675-687.

[102]   K. B. Tomer, C. E. Parker. Biochemical Applications of Liquid Chromatography-Mass Spectrometry. *J. Chromatogr.* **492** (1989), 189-221.

[103]   P. Thibault, D. Faubert, S. Karunanithy, R. K. Boyd, C. F. B. Holmes. Isolation, Mass Spectrometric Characterization, and Protein Phosphatase Inhibition Properties of Cyclic Peptide Analogues of Gramicidin-S from Bacillus brevis (Nagano Strain). *Biol. Mass Spectrom.* **21** (1992), 367-379.

[104]   E. Jantzen, R.-D. Wilken. Zinnorganische Verbindungen in Hafensedimenten - Analytik und Beurteilung. *Vom Wasser* **76** (1991), 1-11.

[105]   W. Nigge, U. Marggraf, M. Linscheid. Determination of Tin Alkylates in Environmental Samples using Thermospray and Electrospray LC/MS. San Francisco: *Proceedings of the 41st ASMS Conference on Mass Spectrometry and Allied Topics.* 1993. S. 401.

[106]   R. G. Cooks, J. H. Beynon, R. M. Caprioli, G. R. Lester. *Metastable Ions.* New York: Elsevier. 1973.

[107]   T. L. Jones, L. D. Betowski. Characterization of Alkyl-Tins and Aryl-Tins by Means of Electrospray Mass Spectrometry. *Rapid Commun. Mass Spectrom.* **7** (1993), 1003-1008.

[108]   K. W. M. Siu, G. J. Gardner, S. S. Berman. Ionspray Mass Spectrometry/Mass Spectrometry: Quantitation of Tributyltin in a Sediment Reference Material for Trace Metals. *Anal. Chem.* **61** (1989), 2320-2322.

Danksagung

Zur Entstehung dieser Arbeit haben viele, direkt oder indirekt, einen Beitrag geleistet. An erster Stelle möchte ich meinen Eltern danken, die mir die Gelegenheit zu einem Universitätsstudium gegeben haben.

Mein besonderer Dank gilt Herrn Prof. Dr. G. Tölg für die Ermöglichung, Förderung und Betreuung dieser Arbeit. Herrn Prof. Dr. J. A. C. Broekaert danke ich für die freundliche Übernahme des Korreferates.

Sehr herzlich bedanken möchte ich mich bei Herrn Dr. Michael Linscheid für die Anregung zu dieser Arbeit, seine Hinweise und wohlwollende Kritik, seine Diskussionsbereitschaft und für die gute Zusammenarbeit.

Mein Dank geht weiterhin an alle Mitarbeiter des Instituts, die zum Gelingen dieser Arbeit beigetragen haben. Besonders danken möchte ich...

- Den Mitarbeitern der feinmechanischen Werkstatt unter der Leitung von Herrn Krebs, ohne deren Erfahrung und tatkräftigen Einsatz viele der hier vorgestellten Untersuchungen nicht möglich gewesen wären,

- Dr. Norbert Jakubowski und Ingo Feldmann, die mir die Gelegenheit gaben, das Interface am ICP/MS-Quadrupol zu testen,

- Wolfgang Schrader für viele Diskussionen und seine Geduld, wenn ich das Massenspektrometer "etwas" länger belegte,

- Walter Nigge für die ertragreiche Zusammenarbeit bei den Thermospray-Messungen sowie der Betreuung des CH 5 und für manche Bits und Bytes,

- und nicht zuletzt der ganzen Arbeitsgruppe "AG 321", die mit Interesse, viel Geduld und noch mehr guter Laune ein hervorragendes Arbeitsklima schuf.

Darüber hinaus danke ich Tony Ferrige und Anthony Deegan (MaxEnt Solutions Ltd.) für die Durchführung der ausführlichen MaxEnt-Rechnungen.

Ganz besonders herzlich bedanken möchte ich mich bei Frau Dr. Gabriela Laufenberg (Universität Marburg), nicht nur für das sorgfältige Korrekturlesen des Manuskriptes.

Jörg Hau

DUV Deutscher Universitäts Verlag
GABLER · VIEWEG · WESTDEUTSCHER VERLAG

Aus unserem Programm

Birgit Hagenhoff

Sekundärionenmassenspektrometrie an molekularen Oberflächenstrukturen

Charakterisierung von LB-Schichten, SA-Monolagen und kovalent modifizierten oxidischen Oberflächen

1994. X, 179 Seiten, 80 Abb., 11 Tab., Broschur DM 48,-/ ÖS 375,-/ SFr 48,-
Reihe: Naturwissenschaft
ISBN 3-8244-2052-X

Die maßgeschneiderte Konstruktion der molekularen Oberflächenstruktur eines Festkörpers ist in vielen sich schnell entwickelnden Technologiebereichen wie z. B. der Biosensorik, der Biotechnologie und dem Bautenschutz von zentraler Bedeutung. Eine zielgerichtete Entwicklung und Produktion kann jedoch nur erfolgen, wenn analytische Techniken zur Verfügung stehen, die mit hoher Empfindlichkeit molekulare Information aus den obersten Monolagen zugänglich machen.

Mit der organischen Sekundärionenmassenspektrometrie (SIMS), besonders in Verbindung mit empfindlichen Massenanalysatoren (TOF-SIMS), steht prinzipiell ein Verfahren zur Verfügung, das die gewünschte Information aus der obersten Monolage liefert. Bislang war jedoch bei derartigen Untersuchungen eine der Analysetechnik angepaßte Probenpräparation erforderlich.

Die Arbeit zeigt, daß die Sekundärionenmassenspektrometrie auch zur Charakterisierung nicht speziell vorbehandelter synthetisierter Oberflächen (LB-Schichten, SA-Monolagen, kovalent modifizierte oxidische Oberflächen) hervorragend eingesetzt werden kann. Durch die Analyse von Modellproben werden die Charakteristika des SIMS-Prozesses näher untersucht (physikalische Aussagen). Die anwendungsorientierte Analytik realer Proben führt darüber hinaus zu chemischen Aussagen, z. B. über Art und Herkunft von Kontaminationen.

Das Buch erhalten Sie in Ihrer Buchhandlung!
Unser Verlagsverzeichnis können Sie anfordern bei:

Deutscher Universitäts-Verlag
Postfach 30 09 44
51338 Leverkusen

Kapillarelektrophorese

von Heinz Engelhardt, Wolfgang Beck und Thomas Schmitt

1994. Ca. 220 Seiten. Gebunden.
ISBN 3-528-06597-4

Aus dem Inhalt: Grundlagen der Kapillarelektrophorese - Elektroosmotischer Fluß - Elektrophoretische Wanderung - Bandenverbreiterung - Apparatur - Thermostatisierung - Detektion - Quantitative Analyse - Kapillarzonenelektrophorese - Indirekte UV-Detektion in der CE - Kapillarzonenelektrophorese von Proteinen - Micellare Elektrokinetische Chromatographie - Trennung von Enantiomeren - Kapillar-Gelektrophorese - Isoelektrische Fokussierung (IEF) in Kapillaren - Isotachophorese: ITP - Elektrochromatographie: EC.

Die Kapillarelektrophorese verbindet die analytische Trenntechnik der klassischen Elektrophorese mit den apparativen Möglichkeiten der Chromatographie hinsichtlich Detektion und Automatisierung. Ihr Einsatzbereich ist mit der Trennung von kleinen Kationen bis hin zu ionischen Biopolymeren äußerst breit. Dieses Buch stellt eine praktische Einführung in die kapillarelektrophoretische Trenntechnik dar. Besonderer Wert wurde dabei auf die Erklärung der Prozesse gelegt, die zur Entwicklung und Optimierung einer Trennung bekannt sein müssen. Soweit wie möglich wurde auf die mathematische Darstellung verzichtet, sondern eher instruktive Beispiele zur Erläuterung der Vorgänge gewählt. Damit soll diese Einführung dem Anfänger den Einstieg in diese leistungsfähige Technik erleichtern.

Über die Autoren: Prof. Dr. Heinz Engelhardt ist Dozent für physikalische Chemie an der Universität Saarbrücken sowie Vorsitzender der GdCh-Fachgruppe Chromatographie und Herausgeber der "Chromatographia".
Seine Coautoren Dr. Wolfgang Beck und Dipl.-Chem. Thomas Schmitt sind wissenschaftliche Mitarbeiter in seinem Institut.

Verlag Vieweg – Postfach 58 29 – 65048 Wiesbaden

MIX
Papier aus verantwortungsvollen Quellen
Paper from responsible sources
FSC® C105338

If you have any concerns about our products,
you can contact us on
ProductSafety@springernature.com

In case Publisher is established outside the EU,
the EU authorized representative is:
**Springer Nature Customer Service Center GmbH
Europaplatz 3, 69115 Heidelberg, Germany**

Printed by Libri Plureos GmbH
in Hamburg, Germany